|家政服务从业人员技能培训系列教材|

YOUER ZHAOHUYUAN
(ZHONGJI JINENG)

# 幼儿照护员

## （中级技能）



主　编：冯敏华　骆海燕
编　者：（按姓氏声母顺序排列）
黎秀云
廖思斯
刘志杏
朱晨晨

ZHEJIANG UNIVERSITY PRESS
浙江大学出版社

# 前　言

根据《国务院办公厅关于发展家庭服务业的指导意见》(国办发〔2010〕43号)文件精神,为大力发展宁波市家庭服务业,提高家庭服务从业人员职业技能与素养,在宁波市贸易局、宁波市家庭服务业协会的委托下,宁波卫生职业技术学院、宁波家政学院精心组织专家,开发建设家务助理员基础知识、初级技能、中级技能、高级技能一套四册职业培训教材,并建立了科学、统一、完整的家务助理工作人员培训考核标准体系,为从事家务助理工作人员提供规范性、系统性技术指导,为宁波市及其他地区的培训机构提供教学考核依据。

人力资源和社会保障部把根据要求为所服务的家庭操持家务,照顾儿童、老人、病人,管理家庭有关事务的人员统称为家政服务员。然而随着社会分工的精细化,家政服务员在实际工作中已呈现出服务对象多样化、服务内容专业化、服务性质特定化的趋势。根据2010年年底颁布实施的宁波市地方标准和普通家庭家政服务需求,我们把家政服务员工作细化为母婴护理、幼儿照护、病患陪护、养老护理、家务助理和家庭保洁六个工种,作为其中一个工种的幼儿照护员(育儿嫂)培训教材应势编撰,希望为家政服务的学术研究与消费引导开展先期探索做出贡献。

本培训教材与商务部及宁波市家政服务行业标准相匹配,把幼儿照护员定位为主要从事2个月至3岁婴幼儿照料、护理和教育,指导家长科学育儿的人员。本教材根据人才培养培训的特点,考虑从业人员的文化层次等实际水平,在技术标准上突出"技能素质与上岗资质"相结合,在内容安排上突出"业务分类与产业发展"相结合,在语言表述上突出"通俗易懂与图文并茂"相结合的原则,以适应家政服务人才在行业和培训机构开展培养培训的需求为准则,推动从业者的技术规范化和技术标准化。此外,本教材还注重反映行业发展的新知识、新理念、新方法和新技术,力求提高教材的先进性。

本教材由宁波家政学院、宁波卫生职业技术学院的专家和教师集体编撰而成。由于成稿仓促,疏漏难免,恳请专家、同仁、读者批评指正,以便修订完善。

编　者

2016年2月

# 目　录

# 第一章　生活照护

## 第一节　婴幼儿食品制作

### 学习单元 1　制作婴幼儿点心

#### 学习目标

◆掌握婴幼儿点心选择。

◆掌握婴幼儿点心制作步骤。

#### 知识要求

宝宝出生 4～6 个月后，单纯从母乳或配方奶粉中获得的营养成分已经不能满足宝宝生长发育的需求，必须添加辅食，帮助宝宝及时摄取均衡、充足的营养，满足生长发育的需求。

从习惯吸食乳汁到吃接近成人的固体食物，宝宝需要有一个逐渐适应的过程。从吸吮到咀嚼、吞咽，宝宝需要学习另外一种进食方式，这一般需要半年或者更长的时间。

宝宝不断长大，他的牙黏膜也逐渐变得坚硬起来，尤其是长出门牙后，如果及时给他吃软化的半固体食物，他会学着用牙龈或牙齿去咀嚼食物。咀嚼功能的发育有利于颌骨发育和乳牙萌出。

但是婴幼儿胃容量有限，一次摄入的食物，不能够满足其生长发育所需，因此，必须额外添加些点心。

### 技能要求

#### 婴幼儿(10～12个月)点心制作

——以豆奶味软饼为例

步骤1　选料:标准面粉200克,黄豆粉20克,牛奶40克,鸡蛋1个,盐少许。

步骤2　将黄豆粉用凉水稀释后,充分加热煮沸,略放凉。

步骤3　再将沏好的牛奶倒入。

步骤4　在豆奶汁中打入鸡蛋,调匀备用。

步骤5　将晾凉的豆奶蛋汁倒入面粉中,加入适量细盐和水,充分调匀使成汁糊状。平锅加热后放点油,将面糊摊成软饼即成。

## 学习单元2　制作一日膳食

### 学习目标

◆掌握婴幼儿一日膳食制作原则。

◆能够制作婴幼儿一日膳食。

### 知识要求

宝宝断母乳后,谷类食品成为宝宝的主食,热能大部分也靠谷类食品提供。因此,宝宝的膳食安排要以米、面为主,同时搭配动物食品及蔬菜、豆制品等。

随着宝宝消化功能的逐渐完善,在食物的搭配制作上也可以多样化,最好能经常更换花样,如小包子、饺子、馄饨、馒头、花卷等,以提高宝宝进食的兴趣。

### 技能要求

#### 婴幼儿一日膳食制作

**一、准备工作(以1～3岁幼儿为例)**

早餐:小米紫薯粥、水煮蛋。

早点:配方奶或母乳。

中餐:米饭、虾仁蒸蛋羹、清炒西兰花。

午点：婴儿饼干(草莓4只)、配方奶或母乳。

晚餐：肉丸排骨汤面。

**二、制作步骤**

早餐制作步骤：小米20克、大米20克、紫薯50克，加入1000毫升水，放入砂锅中，置于煤气灶之上，熬煮成粥(在米粥中加入一滴食用油，可防止粥外溢)；土鸡蛋1个，洗干净外壳，置于蒸锅之上，蒸制6分钟。

午餐制作步骤：对虾3只，去壳取仁，用刀剁成茸状，搅入蛋液，加入少许葱末、少许盐、半碗清水，置于蒸锅上蒸15分钟即可。

晚餐制作步骤：里脊肉100克，剁成茸状，加入葱末、清水，朝一个方向搅拌成肉泥状，捏成球状，置于沸水中汆熟，捞出备用；取排骨汤2碗，青菜末50克，婴儿面条75克，肉丸30克，置于排骨汤中煮熟即可。

(刘志杏)

# 第二节　照料婴幼儿盥洗

## 学习单元 1　婴幼儿眼、耳、鼻、头部的护理

◆掌握婴幼儿眼、耳、鼻、头部清洗方法和步骤。

### 一、眼睛的护理

婴幼儿的眼睛和身体一样时刻处在生长发育中,初生婴幼儿视力发展还不完全,只能看到模糊的影像,对颜色的区分也仅限于黑白两色。在半岁左右,婴幼儿开始能识别色彩。婴幼儿刚出生时,眼睛分泌物较多,作为照护员应注意婴幼儿眼睛的护理。

### 二、耳朵的护理

婴幼儿耳朵约 12 岁才能发育完全,所以耳朵的清洁卫生对婴幼儿来说至关重要。

正常婴幼儿所产生的耳屎,大多为黏稠状,不要用手挖耳,否则很容易挖破外耳道的皮肤,并把皮肤表面的细菌带入伤口。即使皮肤不破,来回搔抓,也可能将细菌挤压入耳道内的毛囊或皮脂腺管中,引起外耳道发炎。一旦养成挖耳的坏习惯,经常挖耳,一不小心,就可能造成鼓膜外伤穿孔。

游泳、洗澡时,要注意保护婴幼儿的耳朵,防止脏水流入耳内;另外,还要预防噪声污染,避免将宝宝放在高强度、高分贝的声音环境中;避免给宝宝滥用药物。

### 三、鼻的护理

鼻的良好发育对儿童来说至关重要,它是呼吸的第一道关口,鼻的病变常波及咽喉以及呼吸道的感染。婴幼儿时期,鼻骨及鼻窦尚未发育成熟,其内部结构比较娇嫩,因此,保护鼻十分重要。

## 一、眼睛的护理

1.清理分泌物

宝宝眼睛分泌物较多可能是由结膜炎引起的。给宝宝清洗的工具如纱布、脸盆，必须经过高温消毒。首先用纱布缠住食指，轻轻擦拭宝宝的一侧眼；在擦拭另一侧眼之前可换一块纱布，也可以将纱布翻个面再进行擦拭。另外，如果习惯使用棉签，可以少量选购，以免使用不完导致棉签污染。

2.疏通鼻泪管

如发现宝宝常流眼泪，且眼角有眼屎堆积，可能是宝宝鼻泪管堵塞所致。照护员可先洗净双手，并擦干，由下往上按，通过按摩的方式帮助宝宝疏通，如仍不能好转，应去医院就诊。

## 二、耳朵的护理

清理耳屎的方法：

1.清理耳屎可以放在婴幼儿洗澡的时候。

2.用湿纱布擦洗干净宝宝的外耳道。

3.宝宝洗澡结束后，照护员用干的棉棒轻轻抵入宝宝耳朵(不要深)，并旋转擦干宝宝的耳道。

4.如遇宝宝耳屎特别坚硬，请不要擅作主张，需将幼儿送往医院，交给专业医生处理。

## 三、鼻的护理

1.不要频繁挖鼻腔。因为宝宝鼻腔黏膜很薄，经常挖鼻腔会将棉棒或手指甲的脏物带进宝宝鼻腔内，同时也会摩擦到宝宝娇嫩的鼻腔，导致鼻腔发炎、溃烂、结痂。而这种痂不易脱落，导致宝宝鼻痒，从而用手揉捏鼻子，这样恶性循环，可能会导致宝宝慢性鼻炎的产生。

2.给宝宝擤鼻子要用正确的方法，按住宝宝一个鼻孔，教宝宝稍用力向外摒，对侧鼻孔的鼻涕即被擤出。用同法，再擤另一侧。

# 学习单元2　为不同性别的婴幼儿洗澡

◆了解不同性别婴幼儿生理结构。

◆能根据不同性别的特点给婴幼儿洗澡。

知识要求

**一、女婴生殖器**

正常的女婴阴道，也有少量的渗出物，颜色透明，没有气味。如出现气味异常或尿急、尿频、尿痛，有可能是炎症或滴虫、霉菌等感染，应及时就医。

注意事项：

(1)女婴不穿开裆裤，可以减少感染机会。

(2)女婴盥洗用品单独使用，与母亲分开。

(3)不要随便使用公共场合的清洁用品，如毛巾、马桶、卫生纸。

(4)洗澡的沐浴液性质要温和，从前往后由尿道口、阴道口、肛门进行清洗。

**二、男婴生殖器**

注意清洗男婴生殖器的褶皱处并保持干燥。

**一、女婴清洗**

1.用湿纸巾擦去婴幼儿臀部上的污渍粪便。

2.根据从前到后的顺序清洗女婴外阴和阴道，降低婴儿感染的机会。

3.用毛巾或纱布清洗幼儿双腿褶皱处。

4.用毛巾或纱布以按压的方式由前往后将臀部擦干。

5.给婴幼儿洗完臀部后将臀部在空气中暴露1～2分钟，待臀部干了之后给宝宝换上干净的尿不湿。

**二、男婴清洗**

1.用湿纸巾擦去幼儿臀部上的污渍粪便。

2.轻轻翻开包皮，用纱布沾水轻轻清洗龟头。

3.根据从上到下的顺序清洗阴茎(俗称“小鸡鸡”),在清洗反面时,照护员动作要轻柔,不能用力拉扯。

4.以按压的方式擦干婴幼儿身体的褶皱处。

5.用干净的浴巾擦干皮肤,换上干净的尿不湿。

(黎秀云)

# 第三节　婴幼儿生活作息安排与习惯培训

## 学习单元 1　婴幼儿良好睡眠习惯的培养

### 学习目标

◆掌握养成婴幼儿良好睡眠习惯的方法。

◆掌握养成婴幼儿良好睡眠习惯的注意事项。

### 知识要求

**一、婴幼儿良好睡眠习惯养成的方法**

1. 为婴幼儿营造适宜的睡眠条件

(1)卧室的环境应安静。睡觉时，拉上窗帘，室内的灯光暗一点。室温控制在20～23℃。窗帘的颜色不宜过深。

(2)床的软硬度应适中，最好选用木板床，以保证婴幼儿脊柱的正常发育。

(3)睡前将婴幼儿的脸、脚、臀部洗净。1岁前的婴幼儿可用凉开水漱口，并解好小便。换上宽松、柔软的睡衣。

(4)注意婴幼儿的睡姿、脸色。注意被子是否捂住口鼻。对容易惊哭、尿床、体弱的婴幼儿应加强观察，适时给予照料，如给体弱、多汗的婴幼儿背部垫上毛巾，等出汗后，及时更换。

2. 为婴幼儿营造良好的身心条件

幼儿照护员态度和蔼，不要批评或恐吓婴幼儿，使其保持轻松愉快、平静的情绪。

3. 婴幼儿睡眠充足的标准

自动醒来，精神状态良好；精力充沛，活泼好动，食欲正常；体重、身高能够按正常的生长速率增长。

**二、培养良好婴幼儿睡眠的注意事项**

1. 有规律地安排婴幼儿的睡眠程序，每次睡前应洗脸、洗手，晚上入睡前还应洗脚、洗屁股，出牙的婴幼儿还要用凉开水漱口或刷牙，养成爱护牙齿的良好习惯。

2. 养成早睡早起的习惯，按时入睡，醒即起床，可通过把尿、放音乐等将婴幼儿叫醒。经过一段时间后，婴幼儿会养成定时睡觉、自然醒来的好习惯。

3. 要控制好白天和夜间的睡眠时间，合理安排日间小睡，不宜过长。

4. 晚间不随意打扰婴幼儿安睡，不唤醒抱起。

5. 养成良好的睡姿，以右侧卧位为宜，既可减少对心脏的压迫，当奶水溢出时也可不致呛奶。不用被子蒙头睡，不咬手指、被角，不需大人拍、摇、抱着入睡。

## 学习单元2 婴幼儿睡眠常见问题及处理

### 学习目标

◆了解婴幼儿睡眠常见问题的原因。

◆掌握婴幼儿睡眠常见问题的处理方法。

### 一、夜惊

儿童夜惊，是指睡眠时所产生的一种惊恐反应，属于睡眠障碍。

1. 儿童夜惊的主要原因

(1)精神紧张、焦虑不安。如来到陌生环境，受到成人的严厉责备或惩罚，睡前观看惊险恐怖的电视或经常听情节较紧张的故事等。

(2)不良的睡眠或饮食习惯。如睡眠时将手压在胸口上，晚餐过饱等。

(3)躯体患有疾病。如鼻咽部疾病、呼吸道疾病、肠道寄生虫病等。

2. 幼儿夜惊的主要表现

睡眠中突然从床上坐起，两眼瞪直或紧闭，尖叫哭喊，表现十分恐惧、害怕、惊慌等神情。通常难以唤醒，对于他人的安抚、拥抱，一般不予理会。夜惊的发作可持续数分钟，发作后仍然能平静入睡，醒后完全遗忘。

3. 幼儿夜惊的预防与矫治

(1)消除引起幼儿精神紧张、焦虑不安的各种因素。

(2)注意培养幼儿良好的睡眠习惯。

(3)预防和治疗躯体方面的疾病。随着幼儿年龄的增长，大多数幼儿的夜惊会自行消失，无需特殊处理。

### 二、梦魇

梦魇，是指以做噩梦为主要表现的一种睡眠障碍，俗称“做噩梦”。幼儿做噩梦时，处于极度的紧张、恐惧中，伴呼吸困难，自觉全身不能动弹，引起大声哭喊而惊醒。醒后仍表现出短暂的精神紧张、面色苍白等，对梦境有片断记忆，随后不多时，幼儿可以完全摆脱对梦境的恐惧情绪，再度入睡。梦魇一般持续2～3分钟。

1. 引起梦魇的主要原因

(1)精神紧张、焦虑不安。如白天精神过度紧张、兴奋，睡前看情节恐怖的电视等。

(2)不良的睡眠或饮食习惯。如睡眠时将手压在胸口上，睡前吃过多食物等。

(3)躯体患有疾病。如因患呼吸道疾病而引起睡眠时呼吸不畅等。

2. 幼儿梦魇的预防与矫治

消除引起幼儿精神紧张、焦虑不安的各种因素，不要使用恐吓语言迫使幼儿入睡。如果患有躯体方面的疾病，应及早进行治疗。

### 三、遗尿症

尿床对于较小的幼儿来说，是一种比较普遍的现象，但幼儿到了四五岁以后，仍然不能控制排尿，经常出现夜间尿床、白天尿裤现象，则应视为患有遗尿症。遗尿多发生于夜间，故也称作夜尿症。通常男幼儿多于女幼儿。

遗尿症分为器质性遗尿和功能性遗尿两类。器质性遗尿因躯体疾病引起遗尿，如膀胱炎、蛲虫病、糖尿病、大脑发育不全等。功能性遗尿指已排除各种躯体疾病的遗尿症，多由大脑皮层功能失调引起，诱因常为精神方面因素，如强烈的精神刺激、白天过度疲劳引起夜间睡眠过深、没有养成良好的排尿习惯、心理障碍等。

幼儿遗尿症的预防与矫治：

(1)对于患有躯体疾病的幼儿，应及早进行治疗。

(2)消除引起幼儿精神紧张的各种因素，包括幼儿因遗尿后产生的心理压力，不耻笑、责骂或体罚，应以温和、耐心的态度对待，帮助幼儿逐步树立起克服遗尿的信心。

(3)建立合理的作息制度：避免幼儿白天过累，晚间适当控制幼儿的饮水量。夜间定时唤醒幼儿排尿，加强自觉排尿的训练。

(4)配合行为治疗、药物治疗等。

## 学习单元3　婴幼儿良好大小便习惯养成

### 学习目标

◆掌握养成婴幼儿良好大小便习惯的方法。

◆掌握养成婴幼儿良好大小便习惯的注意事项。

## 一、婴幼儿大小便的特点

1.婴幼儿大便

婴幼儿粪便的次数和性质常反映着胃肠道的健康状态，故观察粪便极其重要。正常大便含水80%，其余为黏液和食物残渣，包括一定量的中性脂肪、脂肪酸、未完全消化的蛋白质、淀粉和以钙盐为主的矿物质。

(1)胎便

新生儿多数在出生24小时内排胎便。胎便呈墨绿色，略带黏液。它是由脱落的上皮细胞、浓缩的消化液及胎儿时期吞入的羊水所组成，一般2～3日排尽。

(2)母乳喂养婴幼儿的粪便

未加辅食的母乳喂养儿的大便呈黄色或金黄色，半糊状，没有臭味，有时稀薄，微带绿色，每天排便2～4次。加辅食后大便次数可减少。1周岁后大便次数一般情况下一天1次。

(3)人工喂养婴幼儿的粪便

大便颜色淡黄，略干燥，质较硬，有臭味，有时便内易见酪蛋白凝块，每天大便1～2次，个别婴儿隔天1次。

2.婴幼儿小便

不同年龄的婴幼儿，尿量和排尿次数不同。婴幼儿新陈代谢特别旺盛，年龄越小，热能和水代谢越活跃。但他们的膀胱小，所以排尿次数较多。

(1)正常尿量

一般情况下，新生儿尿量每小时1～3mL/kg，婴儿每日尿量400～500mL，幼儿每日尿量500～600mL，学龄前期每日尿量600～800mL，学龄期800～1400mL。尿量的多少取决于摄取水分的多少和周围气温的高低。

(2)排尿次数

新生儿大多数出生后24小时内排尿。出生后头几天因摄入少，每天排尿4～5次；1周后随着哺乳摄入量的增多，尿量增多，排尿次数增加至20～25次/日；1岁时，排尿15～16次/日；学龄前期、学龄期排尿减少至6～7次/日。

(3)排尿颜色与气味

出生后几天内，新生儿的尿液呈浓黄色，稍浑浊。1个月后，尿液为淡黄色。如果婴幼儿水分摄取得少或流汗多，尿量会减少，尿色发黄。另外，如果服用了含有维生素B2等的黄色药剂，也会造成尿色发黄。平时应多喝些水。

### 二、培养婴幼儿良好大小便习惯的方法、注意事项

注重婴幼儿身心的发展，应训练婴幼儿定时大便、较早控制大便、主动坐盆等良好的排便习惯。1岁以内婴幼儿不能有效控制大小便，以使用尿布为主。2岁以后婴幼儿对膀胱和肛门收缩有一定的控制能力，要培养婴幼儿熟悉便盆，逐步建立条件反射，养成良好习惯。

每个婴幼儿的生理成熟程度不同，大小便控制力有明显的差异。2～3个月大小便时就可采取一定姿势，发“嘘、嘘”声把尿，发“嗯、嗯”声把大便，慢慢形成条件反射，婴幼儿听到这种声音就有尿意、便意了。一般把尿在睡前、醒后、喂食前后、出门前后，不能太勤，如果间隔时间太短，会造成婴幼儿尿频。把大便在清晨较好，逐步培养婴幼儿一天一次大便的习惯。9个月大的婴幼儿可培养坐盆排便：成人扶着婴幼儿用“嗯、嗯”声促使排便，坐盆时间不超过5分钟；如婴幼儿不配合，不要勉强。1岁以后听见“嗯、嗯”声就知道朝便盆方向走去，并能坐在盆上。19个月以后要学习控制大小便。2岁以后培养婴幼儿主动如厕。提醒婴幼儿坐盆时不吃东西或玩耍。

## 学习单元4　辨别婴幼儿异常的大小便

### 学习目标

◆学会初步辨别婴幼儿异常的大小便。

### 一、识别小便异常

1. 排尿异常

(1)少尿或无尿：婴幼儿时期24小时尿量少于200mL可称少尿，少于50mL称无尿，如出现这种情况，要及时去医院就诊。

(2)尿失禁：即尿液潴留过多，使膀胱过度充盈，尿液被迫外溢。可由神经系统疾病等引起。

(3)尿急：一般多见于膀胱炎或尿道炎，有时也由于情绪紧张所致。

(4)多尿：可由饮水过多等情况引起。若发现长期尿量增多，伴口渴、多饮、多食而体重减轻的情况，需进一步检查。引起多尿的临床疾病包括儿童糖尿病、尿崩症、肾功能衰竭等疾病。

(5)尿频：尿频对于2岁前婴幼儿是正常现象。如果尿次数过多，可见于膀胱炎、

膀胱结石、尿道口炎或神经紧张等。

(6)排尿疼痛:肾结石、膀胱结石、尿路感染等都可以引起排尿疼痛。

2.尿液异常

(1)血尿:尿液中含有红细胞者称血尿。出量较多时肉眼可察见,尿液呈洗肉水样或血色,也可表现为镜下血尿,外观无异常。血尿是泌尿系统疾病中常见、重要的症状,必须引起重视,及时就诊检查,明确原因,进行治疗。能引起血尿的疾病很多,如肾炎、血液病、泌尿系统结石、炎症、肿瘤、变态反应性疾病等。

(2)脓尿:正常尿液透明,澄清,若尿液中白细胞增多,白细胞吞噬病毒或细菌而死亡,表现尿液浑浊,称脓尿,提示泌尿系统感染。

(3)蛋白尿:新生儿期尿液可含有微量蛋白,正常小儿尿蛋白定性试验阴性。如持续出现蛋白尿,常表现尿液泡沫过多,应及时去医院就诊,可见于急性肾小球肾炎、肾病综合征、慢性肾小球肾炎等肾脏器质性疾病。

(4)糖尿:可见于糖尿病、剧烈运动、情绪紧张、发热、惊厥、脑膜炎、脑损伤、甲状腺功能亢进、肾脏疾病等。

(5)乳糜尿:尿液呈乳白色,可见于胸导管炎症、丝虫病等。

### 二、识别大便异常

若粪便臭味重,多见于蛋白质摄入过多;粪便中泡沫较多,多见于碳水化合物消化不良,发酵、发酸;粪便外观呈奶油状,多为脂肪消化不良;粪便呈灰白色,多为胆道阻塞;粪便呈黑色,多为肠道上部出血或口服铁剂等药物所致,要加以鉴别;粪便中带有血丝,多由于大便干燥、肛门破裂、直肠有息肉等所致;若是脓血便,则可考虑肠道感染或细菌性痢疾。发现婴幼儿粪便异常应及时到医院进行检查治疗。

## 学习单元5　培养婴幼儿良好的进餐习惯

### 学习目标

◆掌握养成婴幼儿良好进餐习惯的方法。

◆掌握养成婴幼儿良好进餐习惯的注意事项。

### 知识要求

进餐是人的生理需要。婴幼儿对食物的偏好以及进餐习惯会受到各种因素的影响,3岁以前是培养婴幼儿好习惯的重要时期,在这个时期建立一定条件的联系比较容易,一旦形成习惯也比较稳固,甚至对他们的健康形成终生的影响,因此需要成人的正确引导和培养。

## 一、影响食欲的因素

食欲的产生是生理因素和心理因素两方面共同作用的结果。生理刺激即依靠食物进入消化道,引起消化道的蠕动和消化液的分泌;心理刺激即食物的色香味和由此唤起的愉快的经验,两方面相吻合便产生旺盛的食欲。

婴幼儿的食欲有其变化的过程。1 岁左右的婴儿生长发育旺盛,对食物的需要量逐渐增加,故食欲较旺盛。2～3 岁的幼儿因活动范围逐步扩大,注意力经常集中在周围事物的探索和游戏之中,食欲有所下降,并表现出时好时坏、波动的特点。4 岁以后,幼儿的食欲基本稳定下来,饥饿时能主动摄食,保持较好的食欲。但其食欲也会因种种原因出现波动,如患病、精神紧张、生气等,都会引起食欲降低。

## 二、保持婴幼儿良好食欲的方法

1. 幼儿饮食应多样化,注意其色、香、味、形,以吸引幼儿进食。
2. 进餐过程中不要批评幼儿,以免其产生不良情绪而影响进餐。
3. 尽早教会幼儿自己独立进餐,可提高幼儿进餐的兴趣。
4. 参加适量的体育活动,可使幼儿保持较好的食欲。

## 三、婴幼儿良好进餐习惯养成的方法、注意事项

1. 养成文明进餐行为

应逐渐培养婴幼儿定时定点吃饭,饭前洗手、饭后擦嘴漱口,不挑食、不偏食、细嚼慢咽、不撒饭、不敲碗筷、咀嚼不出声等文明的进餐行为。

2. 进餐时幼儿照护员应仔细观察进餐行为

应仔细观察婴幼儿的进餐情绪、进餐速度、进餐量以及对食物的偏好,发现问题及时处理。当发现幼儿进餐时情绪低落、食欲较差,应检查和询问幼儿是否身体不适,如发烧、牙疼、肚子疼等。对于挑食的幼儿应进行耐心引导,可让幼儿少量尝试该种食物。幼儿进餐时还容易出现不小心咬破嘴唇、舌头,打翻饭碗等现象,应给予耐心细致的帮助。

3. 饭前或饭后不宜做剧烈的活动

进餐前或后的半小时内不宜做剧烈的活动,以保证婴幼儿消化道的正常蠕动、消化液的正常分泌以及良好的食欲,可进行一些安静的活动,如念儿歌、听故事等,使婴幼儿的交感神经等平静下来,为进餐做好生理上的准备。

# 学习单元6 为婴幼儿制定科学合理的作息制度

## 学习目标

◆掌握制定婴幼儿科学、合理作息制度的目的、方法。

◆掌握制定婴幼儿科学、合理作息制度的注意事项。

## 知识要求

根据婴幼儿日常生活的基本需要，编制婴幼儿日常生活作息制度，通过有计划地安排好婴幼儿生活、运动锻炼和游戏活动，使婴幼儿建立良好的习惯，这是幼儿照护员的重要工作之一。

### 一、编制婴幼儿作息制度的目的

1.形成良好的生活规律

较小月龄的婴幼儿，神经系统的发育尚未成熟，易疲劳，需要较多的睡眠时间；随着婴幼儿大脑皮质功能不断完善，婴幼儿睡眠的时间减少，活动的时间增多，合理作息可以保护婴幼儿神经系统的正常发育。再以饮食为例，到了吃饭的时间，婴幼儿的大脑皮质就会发出相关信号，胃肠道消化液开始分泌，为消化食物做好充分的准备。如果保证婴幼儿每天在同一时间进食，就可使婴幼儿的胃肠功能得到合理的使用和较好的保护，减少胃肠道疾病的发生。

2.满足婴幼儿多种活动的需要

婴幼儿的日常生活是多方面的：有生理性的需求，如睡眠、进食等；有体格发展的需要，如说话、走、跑、跳等；有社会性的需要，如与同伴玩耍、交往等。这些需要得到满足，婴幼儿才能全面、健康地发展。这些活动都需要一定的时间，编制科学、合理的婴幼儿日常生活作息制度可以保障活动的实施。

3.便于幼儿照护员进行全日工作的安排

幼儿照护员工作内容多，事无巨细，每一项都需要很强的责任心，一份日常作息的时间表可以保证幼儿照护员工作的效率和质量；如果缺少详实的日常作息时间表，可能会造成手忙脚乱的混乱局面。

### 二、编制婴幼儿作息制度的方法、注意事项

编制婴幼儿作息制度时，必须从婴幼儿实际出发，综合考虑各项因素，以确保作息制度的合理性和适用性。在制定时主要依据以下几个方面。

1.必须结合婴幼儿的年龄特点

婴幼儿正处于身体迅速发育时期，营养、睡眠及足够的户外活动时间都要保证。另一方面，不同年龄阶段的婴幼儿在生长发育上也存在较大差异。比如，婴儿每天睡眠的次数较多，每一次睡眠的时间较长，喂奶次数较多；随着年龄增长，其睡眠时间、进餐次数可以逐渐减少，而户外活动、游戏时间逐渐增多。

2.必须结合婴幼儿的生理活动特点

神经生理学显示，人在从事某种活动时，大脑皮层中与活动相关的神经细胞处于兴奋和工作状态，而其他不相关的神经细胞处于抑制和休息状态。这种镶嵌式的活动方式，可以帮助大脑皮层各区域轮换休息，防止过度疲劳。而婴幼儿神经系统尚未发育成熟，如果持续进行某一类活动，就会引起大脑皮层相应区域神经细胞的疲劳。因此，制定作息制度时，应考虑不同类型的活动要轮换进行，动静交替、劳逸结合。比如，不能因为婴幼儿需要睡眠，就安排一整块睡眠时间，而是在控制总量的前提下，把每一项的活动内容安排在适宜的时间，如较小婴幼儿可在午餐前、下午、傍晚各有一段睡眠时间。如幼儿进行动作游戏时，要注意粗大动作练习和精细动作练习交替进行，这样才能不使其感到疲劳。

3.家长同步参与和配合

婴幼儿作息制度的制定，其主要的任务之一就是帮助婴幼儿养成良好的生活习惯，这需要长期坚持，因此，家长的同步参与和配合是十分必要的，引导家长在节假日同样要安排好婴幼儿的一日生活，饮食、起居要规律，使良好生活习惯得以保持。

4.执行与调整相结合

婴幼儿作息制度建立后，应该认真实施，保证婴幼儿一日生活具有规律性、稳定性，促进良好生活习惯的养成。但并非一成不变，可根据季节的变化和家庭环境的实际进行调整。例如，夏季昼长夜短，可使婴幼儿起床时间适当提前，延长午睡；冬季昼短夜长，可推迟起床时间，相应地缩短午睡。另外，由于婴幼儿家庭情况的不断变化，如外出等原因，也需要进行相应调整。

## 技能要求

应根据婴幼儿的生长发育特点进行餐具使用训练。3～4 个月婴儿可以训练自己抱奶瓶喝奶，5～6 个月自己拿饼干往嘴里吃，9～10 个月学会自己捧杯喝水，1 岁半学会自己拿勺吃饭，2 岁以后就可以学会自己用筷子吃饭。

## 训练幼儿使用筷子

### 操作步骤

步骤 1　选幼儿专用的筷子，方便幼儿学习。

步骤 2　大人可以右手拿筷子给幼儿做示范动作。

步骤 3　幼儿进行模仿，坚持练习。

注意事项：

1. 筷子的使用属于精细动作，最好等婴幼儿 2 岁以后再尝试练习。

2. 学习使用餐具是一个循序渐进的过程，一定要有耐心，不要随便责怪婴幼儿，应给予必要的鼓励。

3. 训练时要结合婴幼儿的特点，反复练习，达成目的。

（冯敏华　骆海燕）

# 第四节　环境及物品清洁

## 学习单元 1　室内空气清新的保持

### 学习目标

◆认识到保持空气清新的重要性。

◆掌握保持空气清新的方法。

### 知识要求

**一、保持空气清新是婴幼儿生理发展的需要**

婴幼儿胸廓呈圆筒状，肋骨呈水平位，膈肌位置较高，呼吸肌发育不成熟，再加上其生长发育速度较快，代谢旺盛，需氧量高，在呼吸系统尚未完善的情况下，只能增加呼吸频率来满足机体代谢需要。婴幼儿年龄越小，呼吸频率越快。因此，婴幼儿呼吸系统的发育与身体的正常运转需要清新的空气。

婴幼儿时期，正是大脑发育迅速的时期，需要合理、充足的营养给予补充，但同时，大脑的正常发育也离不开氧气。婴幼儿大脑的需氧量占到全身需氧量的 50%，加之婴幼儿呼吸系统发育的不完善，就必须要保证婴幼儿生活的环境空气新鲜。因此，婴幼儿大脑的发育需要清新的空气。

据测试，在紧闭居室内，每立方米的细菌数可达数万个，这无疑对婴幼儿的呼吸系统、大脑发育，甚至机体的健康运作都会产生不良的影响，特别是缺氧环境对大脑发育产生的影响，一般都是难以逆转的。因此，保持空气清新不仅仅是良好生活环境的需要，更是婴幼儿生理发展的需要。

**二、保持室内空气清新的方法**

1. 植物消除法

吊兰、芦荟、虎尾兰能大量吸收室内甲醛等污染物质，消除并防止室内空气污染；茉莉、丁香、金银花、牵牛花等花卉分泌出来的杀菌素能够杀死空气中的某些细菌，抑制结核、痢疾病原体和伤寒病菌的生长，使室内空气清洁卫生。因此，在房屋内可以种植一些植物来净化空气。但需要注意的是，并不是所有的植物都适宜在室内种植，特别是有婴幼儿的室内，如滴水观音有轻微毒性，所以，在选择植物种植时需要谨慎。

2.空气净化器法

净化室内空气，彻底清洁与定期通风换气十分必要，使用空气净化器是一个可行的选择。空气净化器能迅速去除室内空气中小至0.009μm的80余种固态及气态污染物，如细菌病毒、甲醛、苯、香烟烟雾等，滤净效果非常理想，短时间即可输出洁净空气。

3.竹炭吸附法

竹炭是一种以五年以上高山毛竹为原料，经千度高温煅烧，持久隔氧而成的一种新型的环保产品，它具有超强的吸附能力，能防霉、防真菌、防虫蚁，调节湿度，去除异味，释放负离子，净化空气，消除甲醛、苯等有害气体，具有屏蔽电磁波和抗辐射等功效。

4.加强通风法

一般家庭在春、夏、秋季，都应留通风口或经常开"小窗户"；冬季每天至少早、午、晚开窗10分钟左右。平时如使用化学用剂后，不可马上关窗，至少通风换气半个小时。讲究厨房里的空气卫生。每次烹饪完毕必开窗换气；在煎、炸食物时，更应加强通风。

5.气味清新法

(1)厨房异味：在厨房中做饭做菜，饭菜的各种味道很浓，在锅中放少许食醋加热挥发，厨房异味即可消除。倘若炒菜锅里有鱼腥味，可将锅烧热，放一些用过的温茶叶，鱼腥味就会消失。

(2)油漆味：新油漆的墙壁或家具有一股浓烈的油漆味，要去除油漆味，只需在室内放两盆冷盐水，一至两天漆味便除，也可将洋葱浸泡盆中，同样有效。

(3)在室内养花，若用发酵的溶液做肥料，会散发出一种臭味，这时可将新鲜橘皮切碎掺入液肥中一起浇灌，臭味即可消除。

(4)居室异味：居室空气污浊，可在灯泡上滴几滴香水或风油精，遇热后会散发出阵阵清香，沁人心脾。

## 三、注意事项

现在有很多家庭会使用一些空气清新剂来净化空气，实际上，空气清新剂一般都不能达到清新空气的目的，反而会污染空气。市场上流行的空气清新剂的成分，大多是由乙醚和芳香类香精等成分组成，这些成分释放到空气中后，会分解变质，本身就是一种污染物质。不同的空气清新剂，只是加入的香精不同，味道不一样而已。因此，在家中应尽量不要使用清新剂。

空气清新剂可能会造成的影响如下。

污染环境：空气清新剂，实际上是掩盖了异味，并不能从根本上消除异味，所以释放到空气中，本身就是一种污染物质，而且它自身分解后，又产生危害物质，有的空气清新剂中，还有一些杂质，也是污染环境的物质。

产生过敏：空气清新剂中含有的成分，都是有机物，大多会引起过敏，对呼吸道也会产生一些强烈刺激，尤其是对于一些容易过敏的或者过敏体质的人更是如此。

导致严重疾病：空气清新剂中含有的芳香类物质，可以刺激人的神经系统，影响儿童的生长发育等。欧盟消费者协会通过调查发现，空气清新剂甚至可以诱发癌症等疾病。

## 学习单元2　婴幼儿物品消毒

### 学习目标

◆掌握婴幼儿物品的范围与消毒方法。

◆学习如何培养婴幼儿的卫生习惯。

### 一、婴幼儿物品消毒

尽管0～3岁婴幼儿与3～6岁幼儿的活动范围不同，但其生活所需物品基本类似，因此，在家中也可以参照幼儿园的各类物品消毒的方法。具体方法见表1-1。

**表1-1　幼儿园班级各类物品消毒一览表**

| 消毒对象 | 消毒剂 | 消毒频率 | 消毒方法 |
|---|---|---|---|
| 餐具 | 消毒柜或高温蒸煮 | 1次/餐 | 净餐具，擦干，将餐具竖放在消毒柜格内。餐具、水杯每餐消毒1次。 |
| 水杯 | 消毒柜 | 2次/日 | |
| 口杯架 | 250mg/L有效氯消毒剂 | 1次/日 | 每天早晨用250mg/L有效氯消毒剂专用抹布擦拭。 |
| 擦手巾 | 1%消洗灵清洗干净后日光曝晒 | 2次/周 | 用1%消洗灵溶液浸泡5分钟，清洗干净后日光曝晒。平时随脏随洗。 |
| 餐桌 | 250mg/L有效氯消毒剂 | 1次/餐 | 先将桌面清洁处理后，再用250mg/L有效氯消毒剂溶液擦拭，10分钟后用清水再擦1遍。 |
| 活动室、睡眠室、走廊、楼梯 | 500mg/L有效氯消毒剂 | 1次/日 | 清洁地板后，再用500mg/L有效氯消毒剂拖把擦地，每周关闭门窗紫外线消毒1小时。 |
| 被套 | 光照晒 | 1次/月 | 1%消洗灵与洗衣粉混合使用洗涤干净。 |
| 褥套、枕套 | | 1次/半月 | 1%消洗灵与洗衣粉混合使用洗涤干净。 |
| 洗手台、水龙头 | 500mg/L有效氯消毒剂 | 1次/日 | 用除垢剂清洁水槽内及周边污垢后，再用500mg/L有效氯消毒剂擦洗。 |

续　表

| 消毒对象 | 消毒剂 | 消毒频率 | 消毒方法 |
| --- | --- | --- | --- |
| 卫生间 | 来苏溶液 | 1次/日 | 清洗地面，保持地面洁净，用5%来苏溶液喷洒。 |
| 扫除工具 | | | 清洗地面，保持扫除工具清洁卫生，用5%来苏溶液喷洒。 |
| 玩具、图书 | 紫外线、250mg/L有效氯消毒剂、紫外线 | 1次/周 | 每月清洗干净后用250mg/L有效氯消毒剂溶液浸泡5～30分钟，液体面应超过物体面。平时随脏随洗。每周紫外线消毒1小时。每月擦洗干净后在阳光下直射2～4小时。每周紫外线消毒1小时。 |

## 二、婴幼儿卫生习惯的培养

生活中的很多疾病除了外在环境的影响外，与个人的体内环境有非常直接的关系，如个人免疫功能一旦受到破坏或减弱，各种疾病就会随之而来。个人体内环境又与个人的日常生活习惯有着非常紧密的关系，良好的卫生习惯不但对个人的身体健康有帮助，还影响到个人的心理健康。因此，要从小培养婴幼儿健康科学的卫生习惯。

1. 以身作则，营造健康卫生的生活环境

家长或其他监护人要培养婴幼儿的卫生习惯，首先自己要能做到，时刻给孩子树立学习的榜样，如果家长都做不到遵守卫生规则，那么要纠正或养成婴幼儿的卫生习惯就非常困难了。此外，个人的卫生习惯与其生活环境是密不可分的，如果家中的各种生活物品是干净、整洁的，那么在这样的环境中生活的孩子也很自然是讲卫生爱干净的。

2. 制定并严格执行生活作息制度

卫生习惯的养成要从生活中的小事做起，要从婴幼儿时期就开始。例如，如果家长允许有时不洗澡，孩子就会认为可洗可不洗，当家长再次让他洗澡时，孩子就会不乐意。因此，在为孩子制定生活作息制度时，一旦确定下来就要坚持下去，并且要严格执行，如家长要求孩子去洗手，孩子简单在水龙头上冲下，敷衍了事，家长绝不能纵容，否则，就难以养成良好的卫生习惯。需要提出的是，在某些特殊情况下可以停止执行生活作息制度，如婴幼儿生病时，这时应以恢复健康为重点，等身体康复后继续执行，但为了防止孩子钻空子，以装病为借口不执行作息制度，成人需要对孩子的病情加以判断。

3. 良好卫生习惯的养成从生活中的琐事做起

健康科学的卫生习惯听起来很复杂，实际上都是由日常的生活琐事组成的，如饭前洗手、饭后漱口、勤洗澡换衣等，因此，养成良好卫生习惯不是什么大道理，就是由日常生活琐事组成，要帮助婴幼儿养成良好的卫生习惯就需要从每天的生活琐事做起。

## 三、注意事项

在培养婴幼儿卫生习惯的过程中,需要注意以下几点。

注重实践教育:现在大部分都是独生子女,6 位成人围着一个婴幼儿,包办代替的现象非常严重,使婴幼儿养成娇惯、胆小、专横的坏习惯,建议成人放手让婴幼儿去做力所能及的事情,成人可以在旁边给予引导和适时的帮助,让婴幼儿在实践中养成讲卫生的好习惯。

注重理性教育:婴幼儿做错事情,要根据婴幼儿理解水平给予讲解并告知应该如何去做,要多用肯定的口吻,比如"应该怎样……""要怎样……",多用这样的口吻引导幼儿,少用否定的口吻,比如"不准……""不允许……",遇事要多强调,正面引导,这样才能给予婴幼儿正确的概念,如果需要示范,请成人一定要放下面子跟婴幼儿一起来做。

适当的表扬和鼓励:每当婴幼儿做出好的表现来,成人要给予及时的表扬和鼓励,如婴幼儿能够独立将垃圾丢进垃圾桶,这时成人应该及时表扬,但需要注意两点:一是表扬要具体,表扬具体的事件,如"宝宝真棒,会自己丢垃圾了,真不错";二是要及时,婴幼儿完成一件事要及时给予表扬,如果时间过了太久再去表扬,效果就不明显了。

注重言传身教:要求婴幼儿做到的,首先成人要做到。在生活中做好婴幼儿的榜样和导师。

(朱晨晨)

# 第二章　健康促进与照护

## 第一节　健康促进

### 学习单元1　及早识别小儿龋病

学习目标

◆了解小儿龋病的概念。

◆熟悉龋齿临床表现。

◆掌握小儿龋齿的危害。

知识要求

龋病是牙齿硬组织逐渐被破坏的一种疾病。发病初始在牙冠(如图2-1所示),如不及时治疗,病变继续发展,破坏牙冠表面,形成龋洞,称为龋齿。未经治疗的龋洞是不会自行愈合的,其发展可至牙冠完全破坏,仅残留牙根,最终导致牙齿丧失。龋病是细菌性疾病,因此它可以继发牙髓炎或根尖周炎,甚至引起牙槽骨和颌骨炎症。同时,龋齿的继发感染形成病灶,可导致或加重关节炎、心内膜炎、慢性肾炎或眼病等多种其他疾病。

**小儿表现:**

龋病最容易发生在磨牙和双尖牙的颌面小窝、裂沟中,以及相邻牙齿的接触面。儿童发生在牙颈部的龋较少,在严重营养不良或某些全身性疾病使体质极度虚弱时可见到。根据龋齿破坏的程度,临床可分为浅龋、中龋和深龋。

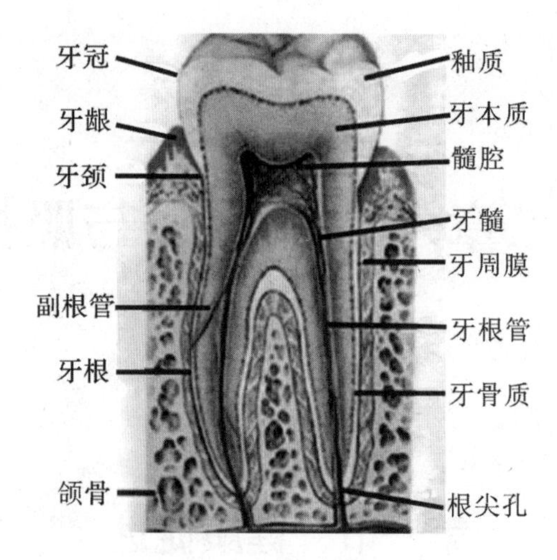


图 2-1 牙齿结构

1. 浅龋

龋蚀破坏只在釉质内，初期表现为釉质出现褐色或黑褐色斑点或斑块，表面粗糙称初龋。继而表面破坏称为浅龋。初龋或浅龋没有自觉症状。早期不容易看到。只有发生在窝沟口时才可以看到，但儿童牙齿窝沟口处又容易有食物的色素沉着，医师检查不仔细会误诊或漏诊。

2. 中龋

龋蚀已达到牙本质，形成牙本质浅层龋洞。患儿对冷水、冷气或甜、酸食物会感到牙齿疼痛，是因为牙本质对刺激感觉过敏的缘故。中龋及时得到治疗，效果良好。

3. 深龋

龋蚀已达到牙本质深层，接近牙髓，或已影响牙髓，牙齿受破坏较大。患儿对冷、热、酸、甜都有痛感，特别对热敏感，刺激去掉以后，疼痛仍持续一定时间才逐渐消失，这时多数需要做牙髓治疗以保存牙齿。

深龋未经治疗，则继续发展感染牙髓或使牙髓坏死。细菌可以通过牙根达到根尖孔外，引起根尖周炎症，可能形成病灶感染。牙冠若已大部分破坏或只留残根时，应将其拔除。

**龋齿的危害：**

乳牙在儿童 12 岁左右换掉之前，仍会在口腔中存在较长时间，这段时间对乳牙的生长发育相当重要，如果保护不周会影响牙齿的咀嚼功能和面部美观。龋齿的危害主要在以下 3 个方面。

1. 牙齿的最大功能为咀嚼，当乳牙龋齿发生时会造成牙齿疼痛和病变，影响牙齿的咀嚼，还会造成儿童偏食，使儿童纤维类食物和蔬菜等食物摄入量减少，从而造成营养不良；此外，食物如果未经过有效咀嚼就吞咽会加重肠胃负担，引起消化不良和其他肠胃问题。

2.如果乳牙在3岁之前龋齿断折，会对儿童的发音造成影响；此外，儿童还会因乳牙发黑或断折而变得不愿说话，不喜欢笑，造成心理上的自卑，失去自信心。

3.乳牙具有引导恒牙和颚骨生长的功能，乳门牙丧失过早会造成下颚骨前突，造成恒牙前交叉咬合；乳牙丧失过早会使恒牙丧失萌芽空间，造成恒牙排列不齐。

**【案例2-1】**

**宝宝龋齿怎么办？**

我的宝宝在1岁半时发现上前牙有一黑褐色斑点。去医院检查，医生说是早期龋齿，需要治疗。我想孩子还小，治疗也不会配合，反正早晚要换牙的，还需要治疗吗？

**点评：**根据描述，可能是早期龋齿的初龋或浅龋阶段。婴幼儿早期龋齿应该尽早及时地进行治疗，认为孩子还小，早晚要换牙不用治疗的观点是不对的，会使龋齿进一步发展，其危害性则更大。

首先，乳牙龋齿严重地破坏了牙齿的结构，影响咀嚼和进食，进而影响了营养的吸收和全身发育，同时会影响颚骨的发育；其次，严重的乳牙龋齿还会影响乳牙下面的继承恒牙的发育和萌出，导致恒牙发育缺陷和萌出异常，严重时导致牙齿排列不齐；再次，龋齿不但影响美观，而且还会影响孩子说话的发音，对孩子的正常心理发育产生影响；最后，一旦引起龋齿的变形链球菌进入血液循环系统，还会影响心脏、肾脏等全身器官。

## 学习单元2 学步期照护

### 学习目标

◆掌握学步车选购技巧。

◆熟悉学步带选购技巧。

◆掌握学步鞋选购技巧。

### 知识要求

#### 一、学步车选购技巧

婴儿学步车来源于西方，是宝宝会走路之前的代步工具，一般由底盘框架、上盘座椅、玩具音乐盒三部分组成，归属于玩具童车类。学步车可以适度辅助婴儿学习走路，带玩具的学步车也具有“娱乐”功能，对于训练婴儿肢体动作的协调有一定的帮助。

在保证安全和正确使用的前提下，学步车为宝宝学走路提供了方便，也解放了妈妈的双手。但如果学步车选择不合适，也会对宝宝学习走路产生不良的影响。学步车选购应注意：

1. 是否经过检验合格。包括上面是否贴有合格标识、商品标识及厂商资料等。因为婴儿学步车是目前统计上，容易导致婴儿发生意外受伤的婴儿用品之一，因此父母亲在选择时，一定要考虑其安全性。

2. 选下盘较大型者。因为下盘大的话，其重心较低，不易翻车，相对比较稳固。而且在行走时碰撞距离婴儿较远，以及在防止婴儿拿或拉其他物品方面都是比较安全的。同时要选择轮子设计大且坚固，能灵活活动的学步车。

3. 有无高低升降功能。有此功能的学步车，有助于调整适合于婴儿腿部的高度(以双脚触地为准)，会让孩子比较有安全感，也比较舒适、安全。

**【案例 2-2】**

### 宝宝到几个月就可以用学步车了？

宝宝 7 个月多了，可以用学步车了吗？

**点评：**不建议使用。一般来说 7 个月会坐，8 个月会爬，9 个月大的婴儿就会扶墙学走，10 个月之前的婴儿不建议使用学步车。如果父母确实需要使用学步车，请谨慎对待。婴儿使用学步车必须满足三个条件：头部支撑力已足够，能够独立坐起和腰椎可以挺直，自己能扶着物品走路。

把小婴儿过早放进学步车里，就像让未成年的孩子驾驶轿车一样，是非常危险的事。英国曾有研究数据显示，婴儿用学步车时发生伤害事故的概率远高于用其他婴儿用品发生事故的概率。这是因为学步车让婴儿的速度过快，高度过高，危险也因此成倍增加了。

调查显示，大多数伤害事件的发生都是因为以下几大类原因：首先，学步车的倾斜翻倒会使婴儿被摔到楼梯下，或者撞上家具、加热器或灶台等。其次，由于使用学步车，婴儿可能会被过去触及不到的东西(比如蜡烛和热茶杯等)烫伤。最后，学步车还可能让婴儿够到一些容易引起小儿意外伤害的物品，如香水、漱口水或酒精等。

正像不少家长自认为的那样，人们都会错误地认为宝宝在自己的小“车”里忙着的时候是安全的，短时间内不用人照看。但事实上，当你的宝宝在婴儿学步车里的时候，反而需要你特别警惕；而让宝宝待在没有危险的房间的地板上，他会更安全。并且，过多使用学步车甚至可能还会稍稍延缓他的发育。尽管统计数据令人担心，但完全禁止学步车也不现实。一些专家认为学步车应该是只为 10 个月以上宝宝设计的，这个年龄段的宝宝已经能坐和爬，并且大人要注意控制宝宝的行动速度。另外，顾客购买婴儿学步车时，必须得到明确的安全使用指南。

## 二、学步带选购技巧

和学步车相比，学步带的优点在于它让宝宝更加主动地掌握平衡和迈步的技巧。父母只需轻轻地牵引着学步带，宝宝就能慢慢摸索到走路的技巧。但由于目前市面上学步带的品牌众多，质量优劣不一，如何选择学步带有一定的技巧。

1. 根据学步带的款式设计来挑选

目前市面上学步带基本上都使用提篮式的设计，而款式主要分为两种：一种是护腰型，另一种是护腿型。其区别在于护腰型学步带的护围是套在婴儿的胸部，而护腿型学步带的护围是套在婴儿的大腿之间。相比较而言，无论是从科学性还是安全性考虑，护腰型的学步带更适合婴儿，原因是婴儿在练习行走时主要是上身没有掌握好平衡，护腰型的学步带无疑能起到更好的辅助作用；反观护腿型学步带，由于保护的重点在下身，因此辅助效果一般，而且如果不慎买了劣质产品的话，还可能导致婴儿摔倒，甚至引起婴儿两腿间产生摩擦损伤，因此，还是建议尽可能选择护腰型的学步带。

2. 根据学步带的安全设计来挑选

学步带作为婴儿练习行走时的保护和辅助工具，产品安全性无疑非常重要。学步带是否安全主要取决于其背部的设计，质量好的学步带一般会在背部设有双重安全保护：首先是带有可调节的安全锁扣，可根据婴儿的体型来调节大小，保证护围和婴儿身体贴合；其次背部同时设有魔术贴，使学步带双倍安全牢固，婴儿行走时安全平稳，绝对不会摔倒。

3. 根据学步带的材质面料来挑选

学步带的材质影响着婴儿使用的舒适感，目前质量好的学步带主要使用纯棉的材质作为面料，特点是穿着柔软舒服、卫生且易于清洗。除了以纯棉作为主要面料外，好的生产厂家还会在学步带护围的外层增加优质透气网布，内层添加高弹性海绵，其作用是使学步带更加柔软舒适，通爽透气，即使是在夏天学步婴儿也不会感觉闷热不适。

**【案例 2-3】**

### 8 个月可以用学步带吗？

宝宝 8 个月了，可以用学步带了吗？会有不好影响吗？

**点评：**目前该年龄段不适合使用学步带。一般来说孩子的大运动发育发展规律是：7 个月会坐，10 个月能站，周岁会走。目前 8 个月，可扶站跳跃，因此，从发育规律看最好不要太早独站，过早可导致姿势异常。学步带是练习行走的辅助工具，8 个月的宝宝不适合使用。

相关链接

**过早使用学步带的危害**

当宝宝独站的能力还不具备的时候就使用学步带，容易养成走路向前倾或向后倾的姿势。其中，不敢迈步的宝宝容易养成向前倾的走路姿势，因为宝宝是在上身被提到前方后才开始迈步的；急于迈步的宝宝也容易形成向后倾的走路姿势，因为宝宝双腿已迈向前方，但上身还停留在原位。因此学步带适用年龄为 12 个月以上宝宝。另外，最好选购有柔软护垫的学步带，这样不会勒到宝宝身体，优先选择背部锁扣能调节松紧的学步带，这样可以适合不同时期体型的宝宝。

### 三、学步鞋选购技巧

学步鞋是指协助宝宝稳定步伐的鞋子，宝宝 24 个月之后就开始穿宝宝稳步鞋了。宝宝学步鞋不但在性能上有很高的要求（如：稳定后跟骨，保护脚踝，具备很强的耐磨性、防滑性，还要保证更高的舒适性），而且还要在色彩搭配、环保材料的应用、对于儿童脚型的研究上下足功夫。

一双好的学步鞋帮助宝宝稳固重心，更好地均匀承重，保护宝宝脆弱的脚踝，让宝宝养成正确的走路姿势。挑选婴儿学步鞋应注意：

1. 材质

宝宝的鞋子，透气是最重要的。也就是说，一定要选择舒适的透气材料。比如羊皮、牛皮、帆布、绒布。最好不要穿人造革或塑料制成的鞋子。

2. 尺寸

有些妈妈为了让一双鞋子能穿久一点，就给宝宝买尺码偏大很多的鞋子。但是，穿着过分大的鞋，会使得孩子走路时不敢抬起脚走，拖拖拉拉地走来走去，时间一长会影响到宝宝脚部的发育和走路的姿势，也会妨碍孩子灵巧的活动。为便于宝宝的脚趾能够在鞋内活动，可为宝宝选用鞋头较为宽一些、呈圆形的鞋。当然，鞋子太小了同样也会给宝宝的小脚丫带来不利影响。

3. 鞋底

刚学走路的宝宝鞋底不宜太硬，要适当柔软一些才好。妈妈可以把鞋底弯曲一下，鞋尖能够到鞋底就行。对于已经掌握走路技巧的宝宝来说，鞋底要稍微有些硬度，这可以帮助宝宝端正走路姿势。此外，具有防滑鞋底的鞋子，能预防宝宝摔倒。

4. 装饰物

宝宝鞋子上的装饰不要太多，这样才不会影响宝宝学走路。此外，最好用魔术贴扣代替鞋带。魔术贴设计的鞋子一般开口较大，方便宝宝穿脱。

**【案例 2-4】**

### 为什么宝宝刚开始学走路的时候老是踮着脚尖走?

宝宝有 1 岁 2 个月了,为什么总是会踮起脚尖走路?有时是不会踮起的,这正常吗?

**点评:**这通常是因为小脚还没有完全适应地面而出现的不协调动作,或者有的宝宝仅仅是因为淘气。父母可以通过观察宝宝踮脚尖走路的频率来判断是否为异常现象,如果宝宝偶尔用踮脚尖的方式走路,但是大多情况下是正常状态的,则不必过于担忧。如果这种情况持续太久,那么要请医生检查宝宝的小腿肌肉和跟腱是否过紧。

**【案例 2-5】**

### 宝宝走不了一会儿就要大人抱,怎样判断是累了还是因为懒惰?

孩子 1 岁了,还是不愿意学走路,怎么办?牵着他走几步,孩子就往地上赖了。按照网上的做法,做了一个可以让他推的箱子,也是推了几步就不愿走了,还是喜欢爬,或者闹着要大人抱。不满足他就又闹又哭。

**点评:**走路对学步期的宝宝来说可是个苦差事,所以他们有时候不愿意走路也是正常的。仔细回忆下刚刚发生什么事情让宝宝拒绝走路,是不是走的时间太长了,还是跌倒受到了惊吓,或是宝宝只是想和妈妈亲密地抱抱,留心观察宝宝不愿意走路的种种迹象,试着用玩具逗逗他,或用“宝宝真棒,会自己走路了”之类的话语鼓励他。如果走的时间的确久了,那就不妨抱抱宝宝当作小小的奖励吧,等情绪好的时候再进行训练。

## 学习单元 3　眼睛照护

### 学习目标

◆掌握新生儿视力发育特点及保健重点。

◆掌握 1～12 个月宝宝视力发育特点及保健重点。

◆掌握 12～36 个月宝宝视力发育特点及保健重点。

### 知识要求

宝宝视力的发育阶段漫长而复杂,在发育期间任何外界或者自身有害因素都会对视力造成不良影响,特别是在 0～3 岁视力发育关键时期。那么,在这个特殊的阶段,应该如何关注宝宝视力的发育和警惕可能出现的异常呢?首先必须熟悉 3 岁以内宝宝的视力发育特点及保健重点。

#### 一、1 个月内新生儿时期

宝宝刚出生时,就对外界有视觉反应,但只能看清 15～20cm 距离内的物体,所以宝宝能感觉到眼前的物体,如妈妈的脸、眼前的物品等。这个时期尚不能对物体有很好的追随运动,但这个时期对光有了很好的反应,从妈妈的肚子里初到光明的世界,宝宝常常会有很强的嗜光性,特别是在黑暗的夜晚。但是这个时期,由于宝宝眼球的结构发育还没有完善,强光往往会造成视网膜,特别是眼部视力的关键部位——黄斑的损伤,这样会影响日后视力的发育,还容易造成散光。

**眼保健重点**

新生儿眼保健的重点是进行一次基本的眼部筛查,包括红光反射、眼前节及眼底检查,排除各种先天性眼病。这种眼病普筛工作很多大城市的妇幼保健医院和儿童医院都已经开展,特别对于那些高危儿,如早产儿、低体重儿、新生儿危重病儿、父母一方或者双方有遗传性眼病史、试管婴儿、父母一方为高龄者(超过 35 岁),都建议必须在出生后一个月内进行一次眼病筛查。

**二、1～12 个月的宝宝**

1～3 个月:宝宝满月后,已开始具有初级的注视与两眼固视能力,不过无法持续太久,眼球容易失去协调。这期间,大多数婴儿的视觉可以慢慢地发育,并平稳地"跟随"运动的物体。如果一个 1～3 个月的宝宝还不能追视父母的脸或者眼前的物体,则需要进行眼病和大脑方面的检查,排除眼源性或者中枢源性视力发育迟缓。

4～6 个月:4～6 个月的宝宝视网膜和黄斑结构已有初步的发育,能有远近感觉,并开始建立立体感。所以,这个时期的宝宝如果出现视力异常,可以表现为歪头、斜视、眯眼等异常症状,如果发现上述症状,建议尽早到专科医院就诊。

6～12 个月:6 个月以后,宝宝两眼可以对准焦点,开始使用调节功能来使自己看清楚物体,所以,这一时期如果宝宝长期盯住眼前的物体或者刺激性过大的视标,如强光、电视、电脑、手机屏幕,容易出现斜视或者视力异常。

**眼保健重点**

应该抱着宝宝到室外开阔的地方到处走走,多看看活动的物体和远处的事物,避免出现过多的近距离注视导致的异常症状。另外要预防眼内斜。很多父母喜欢在小婴儿的床栏中间系一根绳,上面悬挂一些可爱的小玩具。如果经常这样做,宝宝的眼睛较长时间地向中间旋转,就有可能发展成内斜视。

**三、12～36 个月的宝宝**

12～36 个月的宝宝的视力发育标准能达到 0.1～0.6。这个时期各种视觉功能开始建立和完善,但也是弱视、斜视、屈光不正的高发时期。这时期,宝宝的色彩视、双眼立体视、对比敏感视和手脑眼协调运动基本发育,所以,一个拥有正常视功能的宝宝,眼睛的发育和功能可以达到成年人的 70%。因此,对这阶段的宝宝我们不仅仅要关注他的单纯的视力发育,还要关注屈光、眼部结构、双眼视和高级视功能的发育状态。

**眼保健重点**

一定要预防用眼过度：此时宝宝的眼睛发育还处于不完善、不稳定的阶段，长时间、近距离地用眼，会导致宝宝的视力下降和近视眼的发生。因此特别要注意限制宝宝的近距离用眼，避免过早地沉迷电视、电脑，防止出现“屏幕控”。

要注意饮食和平时的生活习惯，很多不良的习惯会影响眼部视力的发育。揉眼、偏头看电视、趴着睡觉和偏食容易造成散光加重。3 岁以内的宝宝本身的先天性生理性散光还未消失，但是，如果出现散光加重现象，往往会出现中度到高度散光，肯定会影响视力的发育。适当的辅食，如水果、蔬菜和粗粮富含维生素，对宝宝的视网膜和视力发育非常重要，所以，建议每个家长一定要多给宝宝补充这些食物。

这一阶段若宝宝视力异常，有明显的征兆，会喜欢近距离看电视，喜欢眯眼并歪头看东西，喜欢揉眼睛，或对电视和书本根本不感兴趣，这也都应该特别引起重视。如果出现了上述症状，一定要带宝宝进行全面的眼部检查，包括屈光、斜视及眼部发育检查，排除斜视、屈光不正、弱视和眼部发育异常等常见的眼部早期疾病。

**相关链接**

## 屈光不正

屈光不正是指眼在不使用调节时，平行光线通过眼的屈光作用后，不能在视网膜上结成清晰的物像，而在视网膜前方或后方成像。它包括远视、近视及散光。临床表现：

1. 近视。轻度或中度近视，除视远物模糊外，并无其他症状，在近距离工作时，不需调节或少用调节即可看清细小目标，反而感到方便，但高度近视眼，在工作时目标距离很近，两眼过于向内集合，这就会造成内直肌使用过多而出现视力疲劳症状。

2. 远视。远视眼的视力，由其远视屈光度的高低与调节力的强弱而决定。轻度远视，用少部分调节力即可克服，远、近视力都可以正常，一般无症状，这样的远视称为隐性远视；稍重的远视或调节力稍不足的，远、近视力均不好，这些不能完全被调节作用所代偿的剩余部分称为显性远视。隐性远视与显性远视之总合称为总合性远视，远视眼由于长期处于调节紧张状态，很容易发生视力疲劳症状。

3. 视力疲劳症状。指阅读、写字或做近距离工作稍久后，出现字迹或目标模糊现象，眼部干涩，眼睑沉重，有疲劳感，以及眼部疼痛与头痛，休息片刻后，症状明显减轻或消失。此种症状一般以下午和晚上为最常见，严重时甚至恶心、呕吐，有时尚可并发慢性结膜炎、睑缘炎或睑腺炎反复发作。

4. 散光。屈光度数低者可无症状，稍高的散光可有视力减退，看远、近都不清楚，似有重影，且常有视力疲劳症状。

（骆海燕　冯敏华）

# 第二节　常见疾病与症状照护

## 学习单元1　高热惊厥的护理

◆了解婴幼儿高热惊厥的常见原因。

◆掌握婴幼儿高热惊厥的初步急救。

知识要求

高热惊厥是指婴幼儿在呼吸道感染或其他感染性疾病早期，体温升高≥39℃时发生的惊厥，并排除颅内感染及其他导致惊厥的器质性或代谢性疾病。主要表现为突然发生的全身或局部肌群的强直性或阵挛性抽搐，双眼球凝视、斜视、发直或上翻，伴意识丧失。

高热惊厥分为单纯性高热惊厥和复杂性高热惊厥两种。各年龄期(除新生儿期)小儿均可发生，以6个月至4岁多见，单纯性高热惊厥预后良好，复杂性高热惊厥预后则较差。

**高热惊厥原因**

由于婴幼儿大脑皮层下中枢神经的兴奋性比较高，而大脑皮层的发育还不成熟，当遇到比较强的刺激，如上呼吸道感染或其他感染性疾病引起小儿体温骤然升高超过38.5℃的时候，小儿大脑皮层对皮层下就不能很好控制，引起神经细胞暂时性功能紊乱而出现惊厥。

### 高热惊厥的家庭紧急处理

步骤1　患儿侧卧或头偏向一侧。不用枕头或去枕平卧，头偏向一侧，切忌在惊

厥发作时给患儿喂药(防窒息)或者强力按压患儿肢体(以防骨折)。

步骤 2 保持呼吸道通畅。解开衣领,用软布或手帕包裹压舌板或筷子放在上、下磨牙之间,防止咬伤舌头。同时用手绢或纱布及时清除患儿口、鼻中的分泌物。

步骤 3 控制惊厥。用手指捏、按压患儿的人中、合谷、内关等穴位两三分钟,并保持周围环境的安静,尽量少搬动患儿,减少不必要的刺激。

步骤 4 降温。

1.冷敷。在患儿前额、手心、大腿根处放置冷毛巾进行冷敷,并常更换;将热水袋中盛装冰水或使用冰袋,外用毛巾包裹后放置于患儿的额部、颈部、腹股沟处或使用退热贴。

2.温水擦浴。用温水毛巾反复轻轻擦拭大静脉走行处如颈部、两侧腋下、肘窝、腹股沟等处,使皮肤发红,以利散热。

3.温水浴。水温以低于患儿温度 1℃为宜,水量以没至躯干为宜,托起患儿头肩部,身体卧于盆中,时间以 3～5 分钟为宜,要多擦洗皮肤,帮助汗腺分泌。

4.药物降温。不能口服给药的,可用退热栓塞到肛门退热。

步骤 5 及时就医。

一般情况下,小儿高热惊厥 3～5 分钟即能缓解,因此当小孩意识丧失,全身性对称性强直性阵发痉挛或抽搐时,家长不要急着把孩子抱往医院,而是应该等孩子恢复意识后去医院。经护理,即使患儿惊厥已经停止,也要到医院进一步查明惊厥的真正原因。但患儿持续抽搐 5～10 分钟以上不能缓解,或短时间内反复发作,预示病情较重,必须急送医院。就医途中,将患儿口鼻暴露在外,伸直颈部保持气道通畅。切勿将患儿包裹太紧,以免患儿口、鼻受堵,造成呼吸道不通畅,甚至窒息死亡。

## 学习单元 2 营养不良的预防与照护

### 学习目标

◆了解婴幼儿营养不良的原因。

◆熟悉婴幼儿营养不良的临床表现。

◆掌握婴幼儿营养不良的预防。

婴儿营养不良,是由于摄入的食物不足或摄入的食物不能充分吸收利用,致使

身体得不到营养,迫使消耗体内自身的组织,体重减轻或不增,生长发育停滞,脂肪消失,肌肉萎缩,全身各系统功能紊乱。这是一种慢性消耗疾病,婴儿在断奶前后较易发生。

## 一、病因

1.长期热量不足

母乳喂养的乳量不足,又未按时添加牛乳及辅助食品;人工喂养时多以淀粉为主食,质与量均不能满足生长发育的需要,致使长期供应热量不足。

2.饮食安排不当

婴儿出生后未按月添加辅助食物,断奶时突然不给吃母乳,改吃其他食物,使婴儿不能适应新食物而拒食、偏食、挑食、吃零食,导致摄入的营养不足。

3.消化功能不好

婴儿的消化功能不健全,导致肠吸收不良,易腹泻,易感染消化道疾病,如肠炎、慢性痢疾、肠寄生虫病、小儿肝炎等。此外,有消化道先天畸形的婴儿,如唇裂、腭裂、先天性幽门狭窄、贲门松弛等,哺乳困难,易反复呕吐。若是先天不足如早产、多产、低体重、小样儿等,喂养不当,消化功能又不好,更易营养不良。

4.慢性消耗性疾病

婴儿若反复发作呼吸道疾病如肺炎,长期发热,食欲不振等,由于摄食不足,消耗增加,也会导致营养不良。

## 二、症状

1.全身症状

(1)食欲减退,体重减轻或不增,形体消瘦。

(2)头发稀黄,皮下脂肪大量消失,皮肤干燥无弹性。

(3)肌肉松弛,运动功能发育迟缓。

(4)精神变化,易烦躁哭闹,睡眠不好,反应迟钝,对周围环境不感兴趣,智力落后。

(5)免疫力低下,易感染各种疾病。如维生素缺乏引起的各种疾病,表现为眼无神、怕光、手脚水肿、腹泻、便秘和其他疾病等。

2.症状的分类

营养不良的症状有轻有重。一般分为三度,目前以轻度、中度多见,重度罕见。

(1)轻度营养不良:①体重较正常儿减轻15%～25%;②腹壁皮脂厚度<0.8cm,腹、腿脂肪层变薄;③肌肉不结实,较松弛。内脏功能改变不明显;④精神状态比一般正常儿稍差。

(2)中度营养不良:①体重较正常儿减轻25%～40%,身长低于正常儿;②腹壁皮脂厚度<0.4cm，腹、躯干脂肪层消失；③皮肤苍白、干燥，面部、背部、四肢轻度消瘦；④肌肉明显松弛，运动功能明显迟缓，站立和走路感到困难；⑤精神不稳定，抑郁不安，哭声无力，睡眠不好，食欲减退，消化力差，对食物的耐受性差。

（3）重度营养不良：①体重较正常儿减轻40%～50%，身长也过低；②腹壁皮下脂肪消失，呈皮包骨状，严重消瘦；③皮肤苍白萎黄、干燥，完全失去弹性，额部皱纹似老人外貌；④肌肉严重松弛，行动困难；⑤精神兴奋，易激动或冷淡，反应很不一致；⑥体温低于正常，但不稳定，发病时忽高忽低，脉搏减慢或加速，心音很低，节律不齐，血压偏低，呼吸浅；⑦脏器功能减退，食欲消失或低下，易引起腹泻、呕吐，易并发感染疾病。

### 三、预防

营养不良的预防尤为重要，不应等发现疾病后才去治疗。应从以下几方面进行预防：

1.做好孕妇产前检查，重视围产期保健，增加孕期饮食营养。

2.产后坚持母乳喂养，并及时为婴儿添加辅食。

3.制定合理的生活日程，培养婴儿良好的生活习惯，使婴儿睡眠充足，定时定量进食，保证饮食的摄入量，防止养成拒食、偏食、挑食及吃零食的不良习惯。

4.及时矫正消化系统的先天畸形，并治疗各种急性或慢性疾病，尤其是出现腹泻后更应及时治疗。

5.加强保健，要定期为婴儿进行健康检查，及早发现营养不良。在日常生活中还应重视体格锻炼，以增强体质，提高抗病能力。

## 技能要求

## 体重测量

### 一、操作准备

照护员洗净双手。备好婴儿磅秤、儿童三用秤、成人磅秤、大毛巾、衣服及毛毯等。

### 二、操作步骤

（一）婴儿体重测量法

1.将大毛巾斜对角铺在磅秤上，调节磅秤至“0”位。

2.脱去婴儿衣服，将婴儿轻轻放于秤盘上，大毛巾两边垂角覆盖在婴儿身上。

3.准确读数至10g。

4.室温较低或婴儿衰弱及体温低下时,可先称洁净衣服的重量,再给婴儿穿上称过的衣服,然后称体重,后者重量减去前者重量,即为婴儿体重。

(二)婴儿体重测量法

1.调节量具至“0”位。

2.婴儿脱去衣物后坐于儿童三用秤上或站在成人磅秤上测量,工作人员用脚尖固定秤盘,待婴儿站稳后,再松开脚尖。

3.准确读数至50g。

4.测量不能合作婴儿的体重时,可穿已知重量的衣服,由测量者(或家属)抱小儿一起称重,称后减去衣服及成人体重即得婴儿体重。

**三、注意事项**

1.每次测量前先将磅秤调节至“0”位后方可使用。

2.称体重应在晨起空腹排尿后或进食2小时后进行,要定时、定称。

3.称体重时,婴儿应脱去鞋帽,只穿内衣裤(如图2-2所示)。衣服不能脱去时要去除衣服重量。

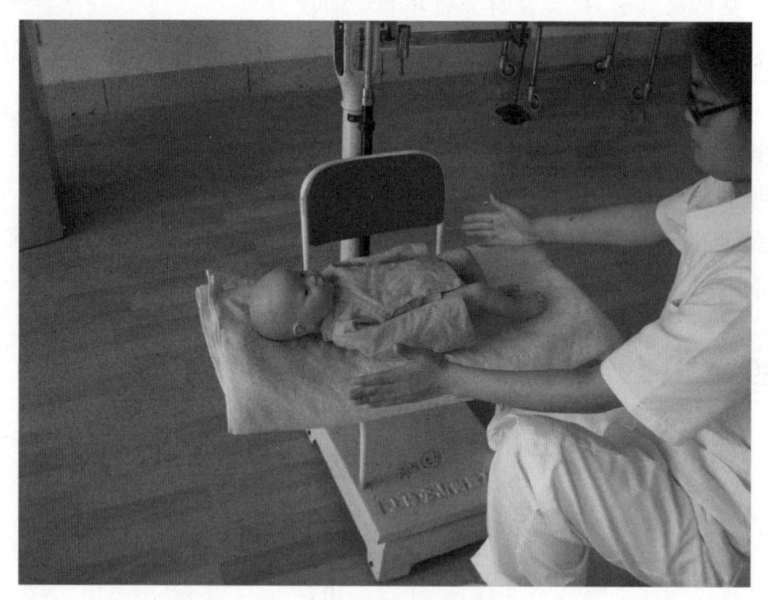

图2-2　脱去鞋帽只穿内衣裤

4.除新生儿记录体重以克为单位外,均以千克计算。

5.测量中注意安全(如图2-3所示)及保暖。

6.若测得数值与前次差异较大时,要重新测量核对。

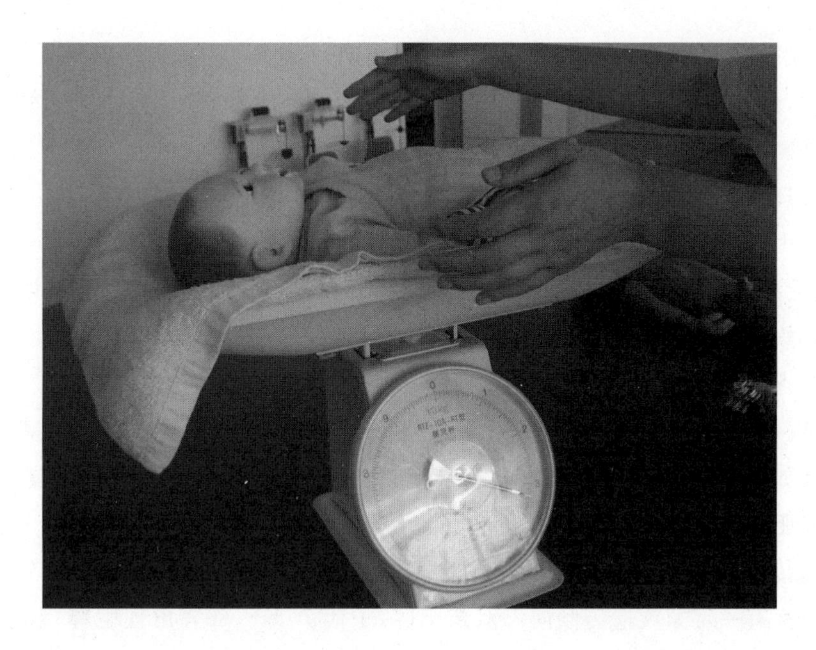

图 2-3　注意安全

## 学习单元 3　小儿肥胖症的预防与照护

### 学习目标

◆了解小儿肥胖症常见原因。

◆熟悉小儿肥胖症临床表现。

◆掌握小儿肥胖症护理与预防。

### 知识要求

医学上对体重超过按身长计算的平均标准体重 20%以下的儿童，称为小儿肥胖症患儿。超过 20%～29%为轻度肥胖，超过 30%～49%为中度肥胖，超过 50%为重度肥胖。肥胖症是常见的营养性疾病之一。肥胖症分两大类：无明显病因者称单纯性肥胖症，患病儿童大多数属此类；有明显病因者称继发性肥胖症，常由内分泌代谢紊乱、脑部疾病等引起。研究表明，小儿肥胖症与冠心病、高血压和糖尿病等有密切关系。

**一、病因**

1. 营养过度

营养过多致摄入热量超过消耗量，多余的热量以甘油三酯形式储存于体内致肥胖。婴儿喂养不当，如每次婴儿哭时，就立即喂奶，久之养成习惯，以后每遇挫折，就想找东西吃，易致婴儿肥胖，或太早喂婴儿高热量的固体食物，使体重增加太快，形成肥胖症。妊娠后期过度营养，成为生后肥胖的诱因。

2.心理因素

心理因素在肥胖症的发生上起重要作用。情绪创伤或心理障碍，如父母离异、丧父或母、受虐待、被溺爱等，可诱发胆小、恐惧、孤独等，而造成小儿不合群，少活动或以进食为自娱，导致肥胖症。

3.缺乏活动

儿童一旦肥胖形成，由于行动不便，更不愿意活动，以致体重日增，形成恶性循环。某些疾病如瘫痪、原发性肌病或严重智能落后等，导致小儿活动过少，消耗热量减少，也易引发肥胖症。

4.遗传因素

肥胖症有一定家族遗传倾向。双亲肥胖，子代70%～80%出现肥胖；双亲之一肥胖，子代40%～50%出现肥胖；双亲均无肥胖，子代仅10%出现肥胖。单卵孪生者同病率亦极高。

5.中枢调节因素

正常人体存在中枢能量平衡调节功能，控制体重相对稳定。本病患者调节功能失去平衡，而致机体摄入过多，超过需求，引起肥胖。

## 二、临床表现

1.本病以婴儿期、学龄前期及青春期为发病高峰。

2.患儿食欲亢进，进食量大，喜食甜食、油腻食物，懒于活动。

3.外表呈肥胖高大，不仅体重超过同龄儿，而且身高、骨龄皆在同龄儿的高限，甚至还超过。

4.皮下脂肪分布均匀，以面颊、肩部、胸乳部及腹壁脂肪积累为显著，四肢以大腿、上臂粗壮而肢端较细。

5.男孩可因会阴部脂肪堆积，阴茎被埋入，而被误认为外生殖器发育不良。患儿性发育大多正常，智能良好。

6.严重肥胖者可出现肥胖通气不良综合征。

## 三、预防与护理

1.限制饮食

限制饮食既要达到减肥的目的，又要保证小儿的正常生长发育，因此，开始时不宜操之过急，使体重骤减，只要求控制体重增长，使其体重下降至超过以该身长计算的平均标准体重的10％，即可不需要严格限制饮食。

热量控制一般原则为：5岁以下2.51～3.35MJ/d(600～800kcal/d)，5～10岁3.35～4.18MJ/d(800～1000kcal/d)，10～14岁4.18～5.02MJ/d(1000～1200kcal/d)。

重度肥胖儿童可按理想体重的热量减少30％或更多，饮食应以高蛋白、低碳水化合物及低脂肪为宜，动物脂肪不宜超过脂肪总量的1/3，并供给一般需要量的维生素和矿物质。为满足小儿食欲，消除饥饿感，可多进食热量少、体积大的食物，如蔬菜及瓜果等。宜限制吃零食、甜食及高热量的食物，如巧克力等。

2.增加运动

肥胖儿童应每日坚持运动，养成习惯。可先从小运动量活动开始，而后逐步增加运动量与活动时间。应避免剧烈运动，以防增加食欲。

3.行为治疗

教会患儿及其父母行为管理方法。年长儿应学会自我监测，记录每日体重、活动、摄食及环境影响因素等情况，并定期总结。父母则帮助患儿评价执行治疗情况及建立良好的饮食与行为习惯。

**相关链接**

### 肥胖通气不良综合征

肥胖通气不良综合征即肥胖-肺换气低下综合征，又称肥胖性心肺功能不全综合征、肥胖症伴心肺功能衰竭、特发性肺泡低换气综合征、心肺-肥胖性综合征、肥胖-呼吸困难-嗜睡综合征、发作性睡病伴发糖尿病性高胰岛素综合征等。本病常见于体型极度肥胖的儿童，是严重肥胖症的一个临床综合征。与过度肥胖至通气功能低下有关，属肺泡换气低下综合征的一个分型，是一种特殊类型的肺源性心脏病，是肥胖症患者中一种常见、严重的并发症。本病是指极度肥胖患者在没有原发性心脏或肺脏疾病的情况下发生肺泡换气不良所产生的一系列症状，若能将体重减轻，则临床症状可明显好转。

（骆海燕　冯敏华）

# 第三章　安全照护

## 第一节　安全隐患与预防

◆掌握预防客厅、卧室、厨房中安全隐患的措施。

◆能初步培养婴幼儿自我保护的意识。

### 一、家庭中的安全隐患与预防对策

1. 安全隐患一：客厅、卧室

客厅或者卧室中楼梯、桌椅、橱柜等物品有一些尖锐的边角处，都是婴幼儿在活动中的安全隐患。现在很多家庭中的茶几、电视柜等设计得相对较低，婴幼儿很容易就能接触到上面的东西，如花瓶、热水瓶等，都有可能引发安全问题。

预防对策：家具尽可能靠墙摆放，确保牢固，以免儿童攀爬、推摇时弄倒家具被砸伤。桌角、茶几等家具边缘、尖角要加装防护设施(圆弧角的防护垫)，或者装修的时候选择边角圆滑的家具。特别要注意的是，家庭少用或者不用玻璃家具，除了玻璃边角锐利外，还特别容易破碎，这些对于婴幼儿来说都是巨大的安全隐患。

此外，相对较矮的家具上不要放热水瓶(杯)、刀(剪、针)等利器、玻璃瓶、打火机等物品，以免婴幼儿碰到发生意想不到的危险。

2. 安全隐患二：浴室、卫生间

有调查表明，在家中儿童发生烫伤、溺水的比例较高。很多时候，浅浅的一盆水，对婴幼儿来说都是有致命危险的。

预防对策：使用浴缸洗澡时，应先注入冷水后加热水，用手测试水温后，再让婴幼儿进入，注意不可一边洗澡一边添加热水。此外，不可把婴幼儿独自留在浴缸或浴盆中，用后及时将水放掉。卫生间里的马桶盖要注意随时盖上，在马桶盖上安装安全锁，防止婴幼儿把头伸到马桶里。

3.安全隐患三：厨房

厨房对婴幼儿来说真是个奇妙的地方，特别是厨房里的瓶瓶罐罐、各种用具等对婴幼儿有着强大的吸引力，但厨房里的用具对婴幼儿而言存在着极大的安全隐患。

预防对策：尽量不让婴幼儿进入厨房。厨房没人时，门要上锁。另外，菜刀、果刀、火柴及打火机等用具，用后要妥善收藏，要给所有放了危险物品的柜子和抽屉装上儿童锁。茶壶、热水瓶、炒菜锅的手柄应向内摆放，不要将这些用具摆放在台边或婴幼儿可触及的地方。尽早教会婴幼儿“烫”这个字，方法很简单，拿一个杯子或碗，里面倒一点热水，反复告诉婴幼儿“烫”，然后再让婴幼儿用手去摸杯子或碗，甚至还可以去摸水蒸气，让婴幼儿亲身体验到“烫”，几次体验之后，当大人再说“烫”的时候，婴幼儿就不会再用手去摸了。

4.安全隐患四：电

家中的插座一般安装得比较低，婴幼儿很容易触摸得到。更让人担忧的是，似乎电源插座上的那些小孔小洞对刚刚会爬的婴幼儿有着无穷的吸引力，而且电事故一旦发生后果不堪设想。

预防对策：电视机、电脑主机等比较重的电器，要远离桌边（或桌子足够高），并且把电线隐蔽好。在平时不使用的插座上装上防护套，或者用强力胶带封住插座孔。在电源插座前放置大件家具或用插座盖子盖上，防止婴幼儿拔下插头。

5.安全隐患五：门、窗

当门被大风吹刮或无意推拉时，很容易夹伤婴幼儿的手指。现在房间的门把手多采用金属材质，有些还带有尖锐的棱角，婴幼儿经过的时候很容易碰伤头部。

此外，现在许多房子都有宽大的飘窗，成人都喜欢和婴幼儿在飘窗台上玩耍、晒太阳。婴幼儿趴在窗玻璃上，还可以看看外面的世界，很是兴奋。但是如果婴幼儿的活动能力增大了再加上成人看护不当非常容易发生坠落事件。

预防对策：在家中所有门的上方装上安全门卡，或用厚毛巾系在门把手上，一端系在门外面的把手上，另一端系在门里面的把手上，当风吹过时，即使把门吹动也不会关上。另外，要将窗户锁好，且窗前不要摆放椅子、梯子等可供攀爬的物品。

## 二、安全事故的处理与应对

婴幼儿照护员的工作不仅仅是预防婴幼儿安全事故的发生，还要掌握安全事故发生后的处理，如婴幼儿发生烫伤后应如何紧急处理，避免二次伤害，还要帮助婴幼儿的家长掌握这些知识。首先要帮助婴幼儿的家长树立安全的意识,在婴幼儿的生活照护中时时强调、刻刻强调,安全意识的树立不是一蹴而就的,需要长时间的积累,因此,安全意识的养成需要随机教育,即在日常生活中随时随地进行。其次,还要帮助婴幼儿的家长掌握一些急救处理知识,具体的内容见本章第二节意外伤害的处理。

### 三、婴幼儿安全意识的培养

自我保护能力是个体的最基本能力之一。为了保证婴幼儿的身心健康和安全,使婴幼儿顺利成长,成人除了要照顾好婴幼儿之外,还应该尽早培养婴幼儿自我保护的意识,逐渐培养婴幼儿自我保护的能力。

1. 安全意识教育

婴幼儿没有生活阅历和经验,他们不知道什么事情能做、什么事情不能做,什么地方能去、什么地方不能去,也不知道什么东西能玩、什么东西不能玩,有时偏偏喜欢做一些危险的尝试。这些都需要成人事先给婴幼儿订下规矩,当然也需要跟婴幼儿解释清楚,要不婴幼儿会出于好奇或逆反心理,继续做一些危险尝试。

婴幼儿的安全教育应该是随时随地、时时刻刻的。比如成人可以和婴幼儿一起看电视、听故事以及让婴幼儿亲眼看由于不注意安全而导致灾难的事例,丰富婴幼儿一些简单的社会经验。通过这些教育,可以使婴幼儿明白做危险事情的后果,同时无形中也增强了婴幼儿的自我防范意识。

2. 培养婴幼儿的生活自理能力

培养婴幼儿的生活自理能力也能影响到婴幼儿的自我保护能力。婴幼儿能独立面对困难,培养他们的独立自主性,养成良好的生活自理习惯,成人不要事无巨细,处处为婴幼儿扫除障碍,使婴幼儿养成依赖心理。这都有利于婴幼儿在劳动实践中建立良好的生活自理习惯,增强生活的自理能力。处理问题的能力提升了,自我保护能力也会相应加强。另外,通过培养婴幼儿的生活自理能力还可以锻炼婴幼儿的体魄。

3. 婴幼儿必须知道的安全常识

由于婴幼儿认知水平和生活经验的缺乏,他们无法辨别哪些是危险的、哪些是安全的。因此,成人除了妥善地照顾、教育好子女外,还要告诉他们生活中哪些是危险的,如太烫的东西不能去摸、去触碰,太高的地方不能爬上去,等等。最好的办法是让婴幼儿亲身去体验这些危险,但一定要注意方式、方法,在安全的前提下让婴幼儿去体验这些危险,让婴幼儿了解到这些危险会带来的伤害。此外,还要在生活中经常向婴幼儿强调这些危险,让婴幼儿熟记这些安全常识。

(朱晨晨)

# 第二节　意外伤害和事故处理

## 学习单元 1　误服药物的急救与预防

### 学习目标

◆了解婴幼儿误服药物常见原因。

◆掌握婴幼儿误服药物的应急措施。

### 知识要求

在日常生活中，常常会发生婴幼儿误服药物的现象，尤以 2～4 岁的孩子居多，对孩子的成长十分不利。药物误服的严重程度与后果往往取决于作用药物的剂量，作用的时间以及诊断救治是否及时。所以，家庭的初步急救处理就显得极其重要。

一旦发生误服现象，家长一定不要慌张，更不可指责打骂孩子，以免孩子害怕不敢说出实情而耽误治疗。如果住在医院附近，原则上应立即去医院就诊。若离医院较远，在呼叫救护车的同时进行现场急救。首先，家长一定要尽快弄清楚孩子误服了什么药物，服用了多久，服用剂量是多少，及时掌握情况。如果孩子误服的是安眠药，会有无精打采、昏昏欲睡的现象。如果误服的是有机磷农药，呼吸中有大蒜的味道。如果孩子误服了杀虫剂，会有恶心、抽搐、痉挛等现象。如果孩子误食卫生球，会有恶心、腹泻、意识不清等症状，卫生球的致死剂量是 2g。

**一、现场急救**

现场急救的主要内容是催吐和洗胃。

1. 催吐方法

用一根筷子或匙柄，手指头也可以，让孩子张大嘴，轻轻刺激其咽喉，这时会引起小儿反射性呕吐动作，将胃中的东西吐出来。如果刺激咽部仍不吐出，可先让孩子喝温开水，然后再刺激咽部，引起呕吐，吐后再饮，再刺激咽部而再引起呕吐。

无论用什么东西刺激咽部，都需注意要沉着冷静，切不可慌乱中将孩子的咽部刺伤或因不敢刺激而延误了催吐的时机。催吐必须及早进行，超过 3 个小时则毒物进入肠道，催吐就失去了意义。对已昏迷者不能催吐，以防发生窒息。同时应耐心反复做催吐动作,不可见吐得差不多了就停止,一定要让孩子将胃中所有的东西全部吐出来。

2.洗胃的方法

催吐后,就要洗胃。家庭中一般没有洗胃器,可采用简便的方法。具体做法是:让孩子喝水或洗胃液,然后催吐,这样反复喝水、吐水,一直到喝进去的水和吐出的水颜色、清洁度相同时,就表明洗胃较彻底了。

**二、预防**

1.药品不可和其他物品混放在一起,而且不能放在杯子或其他容易拿取的容器内。

2.应保持药品完整的外包装,散装药品应装于瓶内,贴上标签,使用时需对照标签。

3.药品需放在宝宝看不到也摸不到的地方,最好是上了锁的橱柜或储藏室内。如果你正在使用药品时因有急事而必须离开,应马上把它放到安全的地方。

4.平时喂宝宝吃药时,不要骗他们说是糖果,而应该告诉他们正确的药名与用途。否则,他们会真的相信是糖果,而随时想吃。

5.宝宝模仿力强,最容易模仿大人的动作,应避免在宝宝面前吃药。

6.要注意药品使用的有效期限,必须定期清理药箱。过期的药物不可丢弃进垃圾桶或倒入厕所中,应集中处理。

## 学习单元2 触电的急救与预防

### 学习目标

◆了解婴幼儿触电的原理。

◆掌握婴幼儿触电的紧急处理。

**一、触电原理**

由于人的身体能传电,大地也能传电,如果人的身体碰到带电的物体,电流就会通过人体传入大地,于是引起触电。如果人的身体不与大地直接接触(如穿了绝缘胶鞋或站在干燥的木凳上),电流就不能形成回路,人就不会触电。

**二、触电伤害**

人触电伤害程度的轻重,与通过人体的电流大小、电压高低、电阻大小、时间长短,电流途经及人的体质状况等有直接关系。

但是，人一旦触电，随时会有触电死亡的危险，原因是：当通过人体的电流超过人能忍受的安全系数时，肺脏便停止呼吸，心肌失去收缩跳动的功能，导致心脏的心室颤动，“血泵”不起作用，全身血液循环停止。血液循环停止之后，引起脑组织缺氧，在10～15秒钟内，人便失去知觉。再过几分钟，人的神经细胞开始麻痹，继而死亡。

**三、触电原因**

1.缺乏用电安全意识

儿童玩耍接触电器设备时，由于不知道哪些地方带电，什么东西能传电，便随意摆弄灯头、开关、电线，极容易发生触电。例如在外玩耍时，发现地上断落电线，误拾触电或是用湿手、湿布擦抹灯泡、开关、插座以及家用电器时引起触电。

2.电器设备安装不合格

电风扇、电饭煲、洗衣机、电冰箱等电器没有将金属外壳接地，一旦漏电，儿童碰触设备的外壳，就会发生触电。

3.电器设备安装位置不当

电灯安装的位置过低，碰撞打碎灯泡时，儿童触及灯丝而引起触电。

4.电器设备老化漏电

开关、插座、灯头等日久失修，外壳破裂，电线脱皮，家用电器或电线受潮绝缘层老化漏电等，儿童碰触暴露的导电部位，也容易引起触电。

**四、触电急救**

1.发现小儿触电时，应立即关闭电源或拉开电闸。

2.如无法切断电源，可用干燥的木棍等绝缘体使触电儿童摆脱电源。

3.也可站在干燥的木板上拉触电者的干衣角，切勿用手直接接触触电儿童，以免自己触电。

4.脱离电源后，检查孩子神志是否清醒，呼吸、心搏是否存在，如果神志不清，呼吸、心搏已停止，应立即施行心肺复苏术，同时尽快联系医疗急救机构。

## 学习单元3 溺水的急救与预防

### 学习目标

◆掌握婴幼儿溺水的应急处理。

◆掌握婴幼儿溺水的预防。

溺水指水淹没面部及呼吸道，继而窒息，引起换气功能障碍，反射性喉头痉挛而缺氧窒息，造成血液动力及血液生化改变的状态。严重者如抢救不及时，可导致呼吸心跳停止而死亡。

**一、溺水的急救**

1.迅速救上岸

由于婴幼儿溺水并可能造成死亡的过程很短，所以应以最快的速度将其从水里救上岸。若婴幼儿溺入深水，抢救者宜从背部将其头部托起或从上面拉起其胸部，使其面部露出水面，然后将其拖上岸。

2.清除口、鼻里的堵塞物

将孩子救上岸后，使其头偏一侧，立刻撬开其牙齿，用手指清除口腔和鼻腔内杂物，再用手掌迅速连续击打其肩后背部，让其呼吸道畅通，并确保舌头不会向后堵住呼吸通道。

倒出呼吸道内积水：抢救者单腿跪地；另一腿屈起，将溺水儿童俯卧置于屈起的大腿上，使其头足下垂。然后抖动大腿或压迫其背部，使其呼吸道内积水倾出。但是，要注意倾水的时间不宜过长，以免延误心肺复苏。

3.水吐出后人工呼吸

对呼吸及心跳微弱或心跳刚刚停止的溺水者，要迅速进行心肺复苏术，分秒必争，千万不可只顾倾水而延误呼吸心跳的抢救，尤其是开始数分钟。抢救工作最好能有两个人来进行，这样人工呼吸和胸外按压才能同时进行。如果只有一个人的话，两项工作就要轮流进行。抢救同时要尽快与医疗急救机构联系。

**二、溺水预防**

1.当婴幼儿在水边或水中时，时刻注意看管，包括水池、澡盆和水桶附近。不要离开婴幼儿，因为当你去接电话，或与别人聊天时，危险就有可能发生。

2.不要在没有成人陪同的情况下，让婴幼儿去游泳。

3.不要让婴幼儿直接潜(跳)入水中，并且远离泳池排水口。

4.在水中不要吃东西，有可能被呛噎。

5.当婴幼儿在船上、海边，或参加水上运动时，坚持让其穿上高质量的浮身物。

6.教育婴幼儿一定要在有防护措施和可游泳的水域游泳，要教育婴幼儿注意水安全。

(骆海燕　冯敏华)

# 第四章　启蒙教育

## 第一节　训练婴幼儿动作技能

### 学习单元1　婴幼儿的大动作技能训练

**学习目标**

◆了解婴幼儿大动作的发展顺序。

◆能组织活动促进婴幼儿大动作的发展。

**知识要求**

#### 一、婴幼儿大动作发展的相关知识

婴幼儿的大动作通常包括翻身、坐立、爬行、走、跑、跳、钻、投、抛、攀等，而且人的一生都离不开大运动。孩子上幼儿园后，将学习拍球与跳绳、跳弹簧床，使个体在生活空间中的动作更为精密与敏捷，通过这些训练，儿童能在手、眼、脚的配合与协调方面大为加强，在动作的速度、方向、力量与变化等方面，也会更加成熟。大动作的发展还可以划分得更为具体，如表4-1所示。

表 4-1　婴幼儿大动作发展顺序及年龄

| 大动作发展项目 | 开始年龄(个月) | 常模年龄(个月) | 发展较晚年龄(个月) |
| --- | --- | --- | --- |
| 俯卧时抬头看东西 | 0 | 1.8 | 4 |
| 俯卧时抬头 45° | 1 | 2.7 | 7 |
| 俯卧时抬头 90° | 1 | 3.7 | 6 |
| 独坐时头不滞后 | 2 | 4.5 | 6 |
| 独坐时头前倾 | 2 | 4.5 | 6 |
| 扶双手站、腿支持一点重量 | 2 | 4.8 | 6 |
| 翻身 | 2 | 5.5 | 7 |
| 俯卧前臂支撑 | 2 | 5.6 | 7 |
| 扶腋下站、腿一蹬一蹬 | 3 | 6.6 | 8 |
| 在小车内玩玩具 | 4 | 6.7 | 9 |
| 独坐 | 5 | 7.0 | 8 |
| 俯卧时打转 | 3 | 7.5 | 10 |
| 爬 | 5 | 9 | 12 |
| 自己控制站起来 | 7 | 9 | 12 |
| 独站片刻 | 5 | 9.8 | 11 |
| 从站位到坐位 | 6 | 10 | 12 |
| 扶双手可以迈步 | 6 | 10.7 | 12 |
| 扶栏可以走来走去 | 7 | 10.9 | 14 |
| 扶一手可以走 | 9 | 11.8 | 14 |
| 独站 | 9 | 11.9 | 14 |
| 开始走 1～2 步即倒入怀里 | 10 | 13.3 | 14 |
| 独走几步较稳 | 8 | 14.8 | 16 |
| 不扶东西可以自己蹲下 | 12 | 15 | 18 |
| 独自走路 | 12 | 15 | 16 |
| 独自走路 | 14 | 17.33 | 19 |
| 扶栏上楼一阶一阶 | 13 | 17.5 | 19 |
| 会抱着玩具走 | 13 | 18.2 | 26 |
| 会踢球、无方向 | 13 | 18.8 | 22 |
| 跑稳几步 | 14 | 19.3 | 20 |
| 不扶栏上台阶 1～2 级 | 16 | 19.5 | 20 |
| 会自己上、下床 | 11 | 20.5 | 22 |
| 踢球较准 | 16 | 21.5 | 23 |
| 跑 5～6 米 | 16 | 21.5 | 23 |
| 有意试跳但脚不离地 | 16 | 24 | 28 |
| 不扶独自上楼 2～3 级 | 21 | 26 | 28 |
| 独脚站 1～2 秒 | 20 | 26.7 | 30 |
| 会双脚跳离地面 | 21 | 26.8 | 30 |
| 模仿做两三个动作 | 21 | 27.6 | 31 |
| 双脚跳远 | 18 | 28.1 | 31 |
| 会独立不扶下楼 2～3 级 | 22 | 28.5 | 30 |
| 独脚站 5～10 秒 | 21 | 29 | 32 |

大动作发展的规律如下：

(1)婴儿出生后第一年是运动快速发展的阶段，第一年末大部分婴儿已掌握了各种运动的基本动作。大动作的发育具有一定的规律性，周岁以内婴儿大动作的发育及月龄可大致概括为：二抬、三翻、六会坐、七滚、八爬、九扶立、一周岁会走。

(2)从整体到分化。初生婴儿的动作是全身性、笼统的、泛化的，进一步发展分化为局部的、准确的、专门化的。比如，新生儿的体态呈蛙状，四肢屈曲于身体两侧，有需要时，总是全身运动，不论是愤怒地哭，还是高兴地笑，也不论是想吃奶，还是想睡觉，总是四肢挥动。

(3)从上到下。初生婴儿早期首先发展的是与头部有关的动作，喜怒哀乐的面部表情，追声追人的转头，觅食活动等；其次是躯干部的扭动，上肢挥动，下肢踢蹬；最后才是脚的动作——走。

(4)从大肌肉动作到小肌肉动作。最初是上肢的挥动，下肢的踢蹬，然后才是手的小肌肉动作能力的发展。

## 二、促进婴幼儿大动作发展的相关知识

1.选择和设计游戏方案促进大动作发展

(1)根据婴幼儿的情绪选择游戏种类

根据婴幼儿不同的情绪状态，选择不同的游戏或运动项目。在婴幼儿情绪饱满的状态下，适宜选择比较剧烈、活动量较大的游戏，如捉迷藏等，这种游戏能够引起婴幼儿大脑兴奋，促使脑干神经活跃起来；在婴幼儿身体不适、情绪欠佳的状态下，最好选择一些安静平和的游戏，如拍手游戏等。

(2)根据年龄特点选择训练大动作的游戏

婴幼儿在不同的年龄阶段有不同的肢体动作发展要求，应根据年龄特点选择适宜的游戏进行训练。

0～6个月：选择与俯卧、翻身、抱坐等动作发展有关的游戏进行训练，如俯卧翻身游戏等。

6～12个月：选择与坐、爬、扶站、扶走等动作发展相关的游戏进行训练，如爬行游戏等。

12～18个月：选择与站立、独立走、攀登、掌握平衡等动作发展相关的游戏进行训练，如推玩具车等。

18～36个月：选择稳步走、跑步、攀登楼梯、跳跃、单脚站立、抛物、旋转等动作发展相关的游戏进行训练，如投球、踢易拉罐等。

2.训练婴幼儿大动作发展注意事项

(1)注意上下肢同时受到刺激。

(2)随时用表情和语言与婴幼儿进行沟通。

(3)做到反复多次,时间不宜过长。

(4)做到循序渐进、繁简搭配。

## 学习单元 2　婴幼儿的精细动作技能训练

### 学习目标

◆了解婴幼儿精细动作发展的特点和规律。

◆能选择和设计游戏方案促进精细动作发展。

#### 一、婴幼儿精细动作发展的特点和规律

婴幼儿精细动作的发展主要以手部的动作发展为主。个体手部的精细动作能力,指个体主要凭借手以及手指等部位的小肌肉或小肌肉群的运动,在感知觉、注意等多方面心理活动的配合下完成特定任务的能力,它对个体适应生存及实现自身发展具有重要意义。对处于发展早期的儿童而言,他们面临多种发展任务(如写字、画画和够取物体等),精细动作能力既是这些活动的重要基础,也是评价儿童发展状况的重要指标。

手部动作发展趋势:从肌肉运动状况来看,从手的大肌肉运动动作向手指的精细动作发展,从全手掌动作向多个手指动作发展,从多个手指动作向几个手指动作发展。

手指的运用:手指中以拇指最为重要,绝大部分的动作都要用到拇指。婴幼儿手指的运用主要包括拇指和其他手指的运用,如拿杯子;拇指和食指的运用,如捏取较小的物品。拇指和食指的运用需要较高的技巧。

#### 二、选择和设计游戏方案促进精细动作发展

精细动作的练习对手眼的协调能力具有积极意义,进行精细动作训练,往往需要手部动作和眼睛互相配合,同时也需要大脑参与判断,精细动作的训练对触觉和视觉的发展也有很大的刺激作用。经常进行精细动作的训练,有利于手眼协调能力的发展,也有利于促进婴幼儿大脑的发育。

手指肌肉的发展依赖于婴幼儿的心理成熟程度,也需要在环境中及时获得刺激,只有在心理成熟的基础上给予丰富的刺激才能获得较好的发展效果。

根据年龄特点选择训练精细动作的游戏。

1 岁,露出小手。许多父母经常给他们的小手戴上手套,这样,手无法接触其他

物体，抑制了手指的感知和运动，不利于手部动作的发展。应该让婴幼儿的小手接触各种各样的物体，发展他们的感觉和触觉。这些感觉会沿着神经的通道反射到大脑感觉中枢，如此多次循环有助于提高婴幼儿的手眼协调能力。此年龄阶段的婴幼儿，父母可以选择尽可能多的物体让他去触摸、去感觉，给婴幼儿提供丰富外界环境的刺激。

1.5岁左右，会用手指物。父母可以说出一个物体，要求婴幼儿用手指指向它，这可以促进手指与大脑智慧活动的结合。

2～3岁，分拆物体、玩泥沙、生活自理。婴幼儿的破坏行为先于建设行为，拆东西的过程会产生对物体拔、扭、旋转、敲等动作；此阶段的婴幼儿喜欢用小铲子等工具往容器里面装泥沙，然后再倒出来，这些是自发的动手活动，是训练挖、装等动作的好办法。

手的精细动作的发展，能够帮助婴幼儿掌握日常生活所必需的劳动技能，能够学习并完成洗脸、刷牙等日常生活中力所能及的自我服务劳动，从中进行动手操作培养。因此，训练婴幼儿的精细动作，需要创设条件锻炼婴幼儿的生活自理能力。从而动手能力和独立性也会从训练中得到提高。

除此之外，还有一些小游戏在家庭中也可以随时随地进行。如：

撕纸：拿五颜六色的纸，让孩子自由地撕成条、块，并可以根据撕出的形状称为面条、饼干、头发等。如果家里有缝纫机，妈妈可以在比较硬的纸张上用缝纫机踏出针孔组成的各色图形，让孩子撕下来玩。

折手帕、纸巾：手帕、纸巾都是柔软的，可以随便折成各种图形，教给孩子怎样折出角、边，折成纸船、纸鹤、花朵、扇子等。

穿珠子、纽扣：让孩子用线、塑料绳把各种色彩、形状的珠子、纽扣穿起来。随着孩子动作的熟练和精细化，珠子和纽扣的洞眼可以逐渐变小，绳子逐渐变细、变软。

夹弹子、糖球：让孩子用筷子把碗里的玻璃珠或者糖球一颗颗夹到其他容器里，锻炼一段时间后可以换成颗粒更小的圆形豆子。

比划动作：在唱歌、跳舞、学儿歌的同时，可以教孩子用小手比划各种动作，把内容表演出来。

（朱晨晨）

# 第二节 训练婴幼儿语言技能

学习目标

◆了解语言环境对语言发展的重要性。

◆能引导婴幼儿随时随地做发音练习。

## 一、影响语言发展的因素

影响语言发展的因素主要有三个:一是遗传因素;二是环境影响;三是教育的结果。所谓遗传因素是指人类基因遗传。人具有的巨大能力是数百万年人类基因遗传的结果。就语言来说,它具备了语言信息的接收、储存,语言的理解(思维),语言的表达(发音器官的机能和高级思维结合)功能,这是遗传的结果。遗传对于每一个人来说基本上是一样的,只有百分之几语言功能不全,有可能是遗传基因发生问题,而对于多数人来说,只要具备了语言各种功能,就具备了语言发展的能力。美国心理研究会曾对遗传因素和家庭教育哪个对孩子智商影响大做过研究,研究结果证明:两者所起的作用几乎等同。这就是说,两种因素缺一不可,既不是遗传基因决定一切,也不是教育万能。遗传基因为智能发展提供了基础,教育使遗传因素的巨大功能成为可能。

环境影响作为影响语言发展的另一种因素,是指孩子要生活在一个具有语言的环境里。如果他生长在汉语的环境里,他就会说汉语;如果他生活在英语的环境里,他就会说英语。例如移民到美国的华人,在家中一般都用汉语交流,但在外都需要用英语交流,所以在美国出生长大的孩子都会流利地说两种语言。这就是环境对语言发展的影响。可能很多人会问,现在的孩子从小学三年级就学英语,一直学到大学,但为什么英语水平却不怎样呢?这主要是因为在我们生活的环境中没有英语,只有在课堂上才有,在没有英语环境的情况下去学习英语效果可想而知。

语言的学习还要提到幼儿教育家蒙台梭利的敏感期。"敏感期"指的是个人在发展的过程中,在某一时期会对某种信息的刺激特别敏感,学习这类知识或这种能力非常敏感,学习起来非常容易,就把这一时期称之为敏感期。印度狼孩故事中的狼孩卡马拉刚被发现时,生活习性与狼一样,用四肢行走,白天睡觉,晚上出来活动,不会讲话,每到午夜后像狼似的嚎叫。后来卡马拉被送到一个孤儿院去抚养,经过 7 年的教育才掌握四五个词，勉强地学儿句话，死的时候其智力相当于三四岁的孩子。狼孩的故事说明了在人的发展过程中，如果错过了学习某些知识或技能的敏感期，再去补偿，能够达到的水平则非常有限。语言也是一样，存在着敏感期。一般认为0～6岁都是语言习得的敏感期，其中1～3岁是口语习得的关键期，4～5岁是书面语言习得的关键期。我们建议，在儿童期的整个阶段都要为儿童语言的学习营造一个良好的语言学习环境。

由此可以看出，一个人的语言能力不仅受遗传因素、环境因素影响，而且必须接受语言教育。如果教育因素不起作用，那么在外国语学院生活的学生就应该具备多种语言能力，这当然是不可能的。只有当一个人学习了某种语言，得到及时的语言教育和指导，他才会那种语言；如果没有适时的、科学的、系统的、正确的教育，他也不可能具备优秀的语言能力，即使天才演说家的后代也不行。这里讲的“及时”和“适时”就是指3岁、5岁左右两个语言发展关键期，抓住这两个关键期，就会收到事半功倍的效果，否则就要付出高昂的代价。

## 二、婴幼儿的语言发展

1.准备阶段

婴儿最早的发音是他出生后的第一声啼哭，在以后的3个月里，婴儿会以各种自发的声音，表示自己身体和情绪方面的状态，如高兴、舒服的时候，不高兴、不舒服的时候都会发出“嗯”“啊”的声音，这时发出的声音在前3个月一般没有明显的分化，3个月之后婴儿发出的声音开始有了区别，能够表达是高兴还是不高兴。

当婴儿到6个月时，会发出不具有任何意义的如“啊——”“哦——”等长音，婴儿到7～8个月，能发出“妈——妈”“哒——哒”等连续性音，算不上什么语言，只是发音机能上的锻炼和语言的练习准备，这也是我们说的“牙牙学语”阶段。

2.语言条件反射阶段

婴儿到7～8个月后，对一些特定的语音能做出相对稳定的反应，如听到叫自己的名字能回头或以笑来回应，听到“再见”会摆手，听到“欢迎”会拍手等。这是婴儿语言条件反射的建立，它使孩子有了与成人沟通、交往和学习语言的可能性。

到9～12个月，婴儿开始有了模仿语言能力，母亲张大嘴说“啊”，婴儿也跟随母亲张大嘴“啊”，这是有意识的发音，实际上是学习说话的开始。这段时期成人多和孩子说话是相当重要的，成人能发的音婴儿基本上都能模仿，在模仿和听成人发声、说话的过程中，婴儿一直在感知声音和积累发音的经验。

因此，在这一阶段成人要多主动去和婴儿说话，可以是讲故事，也可以是唱歌，不需要担心婴儿能不能听懂，我们的目的在于给婴儿营造一个语言学习的环境，让婴儿在丰富的语言环境中吸收养分，为言语获得和发展做准备。

3. 单字语阶段

幼儿到了1岁～1岁半，能够从没有意义的发音，渐渐到说出有意义的话来，对自己身边的事很感兴趣，逐一地学习发音，开始掌握一定量的常用词汇，记住学来的话，将它们当作沟通的工具，如“妈妈”“水水”“饭饭”等。

这时婴幼儿所说出的多是重叠的名词，且有多重的意思，如“水水”可能是“我要喝水”“杯子里有水”，或用水干些什么事等；有时是以“声音”的特征来代称某一事物，如“嘟嘟”可以象征“我要玩车子”“车子来了”等意思，成人只有在具体情景下才能理解。虽然还未能自己说话，但对成人说的话，大部分能理解，只要说“拿车车来”，他就能将玩具车拿来。

婴幼儿到了1岁半～2岁，会出现双字语句和多词句，除了名词外，也有形容词和动词，当然，他们的语言组织能力还不够有条理。在幼儿说重叠词的这一阶段，需要注意的是，成人不要刻意说出一些重叠词，这有可能会造成幼儿的口吃。

4. 造句阶段

到2岁～2岁半，幼儿掌握了一些常用的基本词汇，可以说出简单句，能较清晰地、准确地回答简单的问题，能使用简单的语句来传达自己的意思。

对与人交谈有浓厚的兴趣，孩子很好问，“是什么”的问题常挂在孩子嘴边，这类发问除了想要知道“这是什么东西”以外，与成人沟通也是他们的需要，在沟通与交流中，孩子的词汇、口语进步很快，“你、我、他”的人称观念开始建立，能确实地了解语词所代表的意义。

幼儿能以模仿妈妈说过的话为基础，学习表达自己的想法。如幼儿曾听过妈妈在赞扬自己时说过：“对了。宝宝真乖！”当妈妈回答了孩子提的问题或做完事情时，他也会说：“对了。妈妈真乖！”

5. 口语学习阶段

2岁半～3岁的幼儿，能使用更多的句子来表达自己的想法，讲述所见所闻。虽讲述时会发生一些词语的错漏现象，但也能用上“因为”“所以”“如果”“以后”等连接词；其好奇心更强，“为什么”成了他们的口头语，“打破砂锅问到底”是孩子这时的特征。

到3岁末，幼儿语言能力得到飞速的发展，其心理活动开始具有概括性，可通过语言认识直接经验所得不到的东西，如在听故事中知道“雪是白色的”“雪是冰凉的”，还可以用“等等我，走吧！”“我先上厕所”等有声语言显示其思维的结果，以语词调节自己的行为，使活动更有随意性和目的性。

## 三、婴幼儿语言能力的培养

一个人的语言能力主要有两个：语言的理解和表达。学校的语言教育即使到了大学也是听、说、读、写，其中听和读是语言的理解能力培养，说和写是语言的表达能力。

所以培养孩子的语言能力就是培养孩子的语言理解能力和语言的表达能力。在婴幼儿(0～3岁)阶段主要就是对孩子多说话,让他多听,多输入;当孩子具有了说话能力以后就要引导他多说话。简单说,就是要为婴幼儿语言能力的发展营造一个丰富的语言环境。

首先是进行听觉和视觉的训练。科学家发现:人的大脑每10秒钟接收1000万个信息,其中通过视觉的信息500万个,其余是来自触觉和听觉的信息。视觉和听觉是人的两个很重要的学习器官,一个人的学习能力强弱,要看视觉和听觉捕捉信息的灵敏程度怎么样。所以从孩子出生以后,就要给孩子听各种声音,看各种图片。给予视觉和听觉的信息刺激越丰富,神经系统越发达,孩子的智力水平就会越高。

其次是养成给孩子说话的习惯。孩子说话早晚与抚养他的人有很大关系,一般来说,老人带孩子,孩子说话可能早。主要因为老人一般都爱和孩子说话,比如给孩子洗澡,就说:"好宝宝,脱了衣服洗个澡,干干净净身体好。"孩子处在这样良好的语言环境中,就会受到潜移默化的影响。所以,在平常要养成和孩子说话的习惯,做什么就对孩子说什么。"洗完澡穿衣服,穿上鞋戴上帽,真是妈妈的好宝宝。"当然说的语言要尽可能优美动听,能用普通话更好。

(朱晨晨)

# 第三节　训练婴幼儿认知能力

## 学习单元1　与婴幼儿玩数数、配对的游戏

### 学习目标

◆能根据幼儿的喜好选择适合的游戏。

◆能按照正确的游戏玩法引导宝宝一起玩游戏。

### 知识要求

**一、婴幼儿认知游戏的作用**

1.促进大脑思维的发展

婴幼儿依靠手、耳、口、眼、鼻等，通过中枢神经去收集信息，促进其感知觉的发展，而这些是婴幼儿思维的基础。

2.有利于幼儿手眼协调能力的发展

幼儿在游戏的过程中，通过亲自体验，能认识并了解物体的性能和特点，而这个操作的过程正是幼儿手眼协调发展的过程。

**二、婴幼儿认知游戏的注意事项**

1.游戏的设计符合不同年龄儿童的认知特点。

2.认知游戏应该注重宝宝的直接体验。

3.固定时间内，给幼儿设计的游戏只能是物体某一方面的特性，如颜色、形状等。

4.认知的内容相同，游戏需要反复进行。

### 操作要求

1.数字谣(数数的游戏)

利用一些图片、实物、手势或动作，让宝宝感受到歌谣对应的内容。妈妈在唱数字的时候，语速尽量缓慢，吐字要清晰。

1像铅笔细又长，2像小鸭水上漂，

3像耳朵听声音,4像小旗迎风摇,
5像衣钩挂衣帽,6像豆芽咧嘴笑,
7像镰刀割青草,8像麻花拧一道,
9像勺子能盛饭,0像鸡蛋做蛋糕。

2.瓶盖宝宝回家(形状配对游戏)

照护人员收集各种形状大小不一的瓶子,将盖子取下打乱顺序,自己将游戏的程序演示一遍,然后带着孩子一起将瓶盖与瓶口配对。

## 学习单元2　与婴幼儿玩分类、排序的游戏

### 学习目标

◆认识物体的长短、大小。

◆学习按相同特征配对。

### 技能要求

1.分类游戏(根据颜色)

游戏准备:蒙氏教具一套。

训练方法:拿出相同长度、不同颜色的木棒,给幼儿一定的视觉刺激,出示红、黄、蓝色的木棒,并告诉宝宝这是"红色""黄色""蓝色";训练者口头要求"请把红色的木棒放在这边""请把黄色的木棒放在这个地方""请把蓝色的木棒放在那个地方",通过这样的要求让孩子学会通过颜色分类。

2.排序游戏

游戏准备:红、黄、蓝三色球。

训练方法:成人将红、黄、蓝三色按规律排序,并引导宝宝:"一个红色,一个黄色,一个蓝色,一个红色,一个黄色,一个蓝色……"让宝宝接着排。

## 学习单元3　与婴幼儿玩美术游戏

### 学习目标

◆了解美术游戏的分类及其作用。

◆能为宝宝选择适龄的美术游戏。

## 知识要求

### 一、美术游戏的内涵

2～3 岁的幼儿进入涂鸦期，对于 3 岁以内的宝宝，美术游戏反映了他们对周围环境的认识和体验。美术游戏是由绘画和手工制作等组成的一种活动性游戏。幼儿在涂涂、画画、捏捏、揉揉的过程中感受到快乐。

### 二、美术游戏的教育作用

1.锻炼宝宝手指的精细动作

通过撕纸、捏泥、剪贴等方式使宝宝手部精细动作得到发展。幼儿用双手去参与活动，对于幼儿手部的小肌肉的发育、手指和手腕配合一致、各种动作的协调发展起着重要的促进作用。

2.发展幼儿的想象力、创造力

不同类型的绘画工具、不同颜色的笔，画出来的颜色、形状都不一样，幼儿绘画的力度不一样，呈现出来的成品也不一样。通过这样乱画乱写的活动可帮助理解线条的多样性，为幼儿的创造力发展打下良好的基础。

(1)手工对幼儿想象力的作用

通过对手工模型的塑造，调动幼儿已有的生活经验，培养幼儿最初的想象力。

(2)涂鸦绘画是孩子的需要

0～3 岁幼儿的绘画处于乱涂乱画的涂鸦阶段。由于孩子手的发育不完善，眼动轨迹杂乱，脑、眼、手不够协调，动作笨拙，感知能力差，只能画出不太成形的线条或事物。有的孩子很少接触绘画，在 4 岁左右还处于涂鸦阶段。孩子们在边画边玩边说中满足好奇和好动的欲望。在 1 岁左右，孩子们就有了握勺、握笔的欲望。他们希望模仿大人，偶尔做一些握笔涂画的尝试活动，以满足手指活动的需要，这为他们的涂鸦及手工活动提供了可能性。可以为他们提供一定的绘画工具和涂鸦环境，让他们自由地涂鸦，体会自己对纸的影响，并对留下的痕迹感到惊奇和喜悦。

## 技能要求

1.幼儿涂鸦游戏(一)

(1)游戏准备：白纸若干张，不同类型的涂鸦笔若干，适当高度的桌椅。

(2)游戏过程：成人从背后抱着宝宝坐在腿上，将白纸铺在桌上(如果宝宝此时能站立或行走，成人可以拿笔和白纸在旁边示范）；让宝宝手执笔，成人一边看着宝宝一边说："宝贝，下雨啦，小雨滴是什么样子的呢？"任凭宝宝在纸上圈圈点点。

(3)注意事项：1 岁左右的宝宝小肌肉控制能力比较弱，还不太会控制自己的小手，涂鸦对他们来说是一件难度很大的事情。一般 1 岁半左右，宝宝开始对涂鸦产生兴趣。刚开始涂鸦时，宝宝只能在白纸上敲敲点点，砸出一些不规则的小点。

2. 幼儿涂鸦游戏(二)

(1)游戏准备：白纸若干张，不同类型的涂鸦笔若干，适当高度的桌椅。

(2)游戏过程：让幼儿站立或者坐在适当高度的桌椅上，成人在旁边引导，比如，告诉宝宝在纸上画，不要画在桌子上，否则会把桌子弄疼，桌子该不高兴了；等宝宝画完之后，引导宝宝分享自己的作品。

(3)注意事项：随着宝宝小肌肉控制能力增强，2 岁左右开始非常自信地大胆涂鸦，他在白纸上砸出一些小点的同时，开始画出一些不太规则的歪歪扭扭的线段。这是开发宝宝创造力的大好时机，不管他画出来实际像什么，他都可能在向他人描述时说出一些令人惊诧的答案。

3. 撕纸游戏

(1)游戏准备：干净白纸若干，开阔易清理的空间。

(2)游戏过程：成人向宝宝示范撕纸的动作，将纸递给宝宝，引导宝宝撕出各种各样的小碎纸，并示范给宝宝"下雪啦"，将撕碎的纸抛向空中。让宝宝能认识到，凭借自己的小手也能创造出很好的作品来。

(3)注意事项：照护员或父母不要给孩子规矩和限制，别用一个具体的目标去约束他，而要鼓励孩子大胆地创作，让孩子感受自由学习的快乐，使手和脑同时受到良性刺激。

4. 喂娃娃游戏

(1)游戏准备：小娃娃一个，废纸若干，小碗一个。

(2)训练方法：成人抱着布娃娃说："布娃娃的肚子饿了，我们做面条给布娃娃吃好吗？"将准备好的纸张拿过来，成人示范撕面条；引导宝宝模仿撕纸条的动作，并放在小碗里；引导宝宝喂面条给娃娃吃。

(3)注意事项：选择容易撕的纸，结束时要将碎纸张收拾干净，游戏结束，要洗手。

5. 揉纸球游戏

(1)游戏准备：稍微软和的纸若干，纸张大小要适合孩子手的大小。

(2)训练方法：1)成人示范将方形的纸揉成团，变成纸球；2)让宝宝模仿将方形的纸揉成团，变成纸球；3)将纸球进行投远游戏，看谁扔得远，也可以将纸球投入桶里，进行投准练习。

（黎秀云）

# 第四节　培养婴幼儿良好的社会行为、情感

## 学习单元 1　引导婴幼儿学会分享

### 学习目标

◆掌握婴幼儿分享行为的发展特点。

◆能在日常生活中促进婴幼儿分享行为的发展。

### 知识要求

**一、婴幼儿分享行为的发展特点**

分享是婴幼儿的一种亲社会行为，多表现为婴幼儿拿出自己的物品与他人共享或与他人共享美好的情感体验，从而使他人受益，促进自己建立良好社会关系的一种行为。与分享相对的即为“独占”“独享”“多占”等。

婴儿在 1 岁左右就出现分享行为的萌芽，表现出指向动作的分享行为，如婴儿会将物品放在成人的手上后再继续玩这个物品，会与别人“分享”自己感兴趣的活动，偶尔会把自己的玩具给别人玩等。到了 1 岁半时，幼儿经常表现出将自己的玩具出示和递给不同的成年人这一行为。1～2 岁幼儿的分享行为的发展随年龄的增长而增多，而 2～3 岁幼儿的分享行为的发展则随年龄的增长而降低。总体来说，在 0～3 岁这个年龄阶段，婴幼儿分享行为的出现还是比较少的。

分享意识或观念的发展是婴幼儿分享行为发展的基础。调查发现，性别也会影响婴幼儿的分享行为，女孩比男孩更多地表现出分享行为。

**二、婴幼儿分享行为的教育**

1 岁半～2 岁的幼儿的自我意识已经发展了，但是他们还不能把自己和周围环境区分开来，也很少意识到别人的感受，会认为“别人的也是我的”，这时的幼儿会显得自私且蛮不讲理，常常出现争抢物品、玩具等行为，惹得家长或他人生气。再加上当前婴幼儿大多是独生子女，是家人关注与宠爱的焦点，缺少与别人分享物品、情感的机会，这在一定程度滋长了婴幼儿的自私行为，阻碍其分享行为的发展。

分享是婴幼儿与人交流、表达自我的一种方式，也是影响婴幼儿与他人和谐相处

的因素之一。家长或照护员应及时对婴幼儿进行分享行为教育，使婴幼儿在生活中逐步摆脱“自我中心”倾向，慢慢学会理解他人的情感与需要，同时鼓励婴幼儿向别人说出自己感受，帮助、引导婴幼儿找到正确表达自己感受的词语，用积极的方式与他人交往。除此以外，还可以多尝试发挥榜样的力量，给婴幼儿创造分享的机会，如进行“请你和我一起玩”等游戏，鼓励婴幼儿学会分享，体验分享的乐趣。当婴幼儿表现出分享行为时，家长或照护员应及时给予表扬、赞美，强化婴幼儿的分享行为，促进其分享行为的发展。

分享行为的发展，会帮助婴幼儿摆脱自我中心，获得更多的资源，赢得更多的玩伴，学会与他人和睦相处，学会与他人合作，为以后人际交往的发展奠定基础，促进其社会性健康地发展。

## 技能要求

1. 家长可以给宝宝树立一个好榜样，比如爸爸可以在吃水果时故意让妈妈咬一口，妈妈配合着道谢，然后也给宝宝吃一口，让宝宝觉得“你一口我一口”是件快乐美好的事。

2. 家长或照护员可以给宝宝讲一些有关分享的故事、儿歌，比如小动物因分享而获得快乐的故事《金色的房子》、儿歌《香香的饼干》和《分果果》等，从而使宝宝潜移默化地受到影响，培养宝宝的分享意识。

3. 家长或照护员可以有意识地把自己看到的或听到的一些有趣的事讲给宝宝听，与宝宝一起感受快乐或忧伤，渐渐地，宝宝也会把自己感到高兴、伤心的事讲给成人听，这样逐渐使宝宝学会情感分享。

4. 宝宝阅读图画书时，家长或照护员可有意识地与宝宝一起共同阅读一本书，体验共同阅读和分享故事的乐趣。

5. 当宝宝和其他小朋友一起玩玩具时，可以故意将投放的玩具数量少于玩耍的小朋友人数，有意识地给宝宝创设一些发展分享行为的机会。

6. 家长或照护员可以和其他宝宝的父母协商，定期开展类似“分享时刻”的活动，让宝宝将自己喜爱的食物或玩具、图书等带到聚会中，与其他小朋友一起分享，既可以拉近小朋友间的距离，也可以促进宝宝分享行为的发展。

7. 当看到宝宝正在玩玩具时，家长或照护员可以有意识地走过去对宝宝说：“我可以和你一起玩吗？”或者说：“你可不可以把玩具分点给我呀？”等宝宝体验到分享带来的乐趣后，便会自觉产生分享意识，模仿成人做出类似的分享行为。

8. 当宝宝不愿意和别人分享玩具时，可以让宝宝想想自己没有玩具时会是什么感受，尝试学会从他人角度思考，鼓励宝宝与别人分享玩具。

9. 和宝宝玩“角色扮演”的游戏，通过扮演不同的角色，了解他人的情感体验，使宝宝认识到人与人之间的关系应该是怎么样的。

10. 有时宝宝不肯分享是怕别人弄坏自己的玩具，因此，在鼓励宝宝分享的同时，还要告诉宝宝：“如果别人想玩你的玩具，你就说：‘可以，不过你要小心使用，别弄坏了哦！’”这样可以减少宝宝的顾虑，更愿意表现出分享行为。

11. 当别人对宝宝表现出分享行为时，引导宝宝学会说“谢谢”，让宝宝学会感恩，并且引导宝宝用完别人的玩具或图书等物品后要及时归还，这样别人才会愿意继续和你一起玩。

12. 当宝宝主动表现出与人分享自己的物品时，家长或照护员一定要对宝宝大加赞扬，比如用赞许的目光、微笑的面容、亲切的点头、温暖的爱抚（亲亲宝宝、抱抱宝宝）或直接的口头表扬（“你真棒！”）等对宝宝的分享行为进行强化。

## 学习单元2　促进婴幼儿社会性发展的游戏

### 学习目标

◆了解婴幼儿自我意识、情绪和情感、人际交往关系发展的特点。

◆掌握促进婴幼儿社会性发展游戏的方法与注意事项。

### 知识要求

#### 一、婴幼儿自我意识发展的特点

自我意识也称为自我、自我概念，是对自己存在的觉察，即自己认识自己的一切，是个体对自己的生理、心理和自己与他人关系的知觉和主观评价。自我意识并不是天生的，也不是一蹴而就的，它是个体在社会交往的过程中，随着语言和思维的发展而不断形成和发展起来的。自我意识的发展一般分为以下阶段。

1. 认识自己

0～4 个月（意识妈妈阶段）：对着妈妈的镜像微笑、点头，发出咿咿呀呀的声音，对自己的镜像则不感兴趣，没什么反应。5～6 个月（伙伴阶段）：开始注意镜子里的自己，把镜子中的自己当作游戏的同伴，甚至会去找镜子中的人，对着镜子里的自己做出拍打、招手、欢笑等动作。7～12 个月（伴随行动阶段）：对着镜子里自己的动作进行模仿。1 岁以后（认识自我阶段）：对镜子中自己的五官开始感兴趣并开始认识自己。

12～15个月，能从照片中认出自己。2～3岁后，幼儿慢慢学会使用代词“我”“你”“他”，将自己与他人区分开来，学会使用形容词“我的……”，表示自己的所属，自我意识发展真正进入实质阶段。

2.学会自我评价

婴幼儿学会从主要依赖成人的评价，逐渐向自己独立评价发展，能用合适的词语去评价别人，同时能理解别人对自己的评价，并会把自己的行为与他人的行为进行比较。但这一阶段婴幼儿的自我评价能力还很弱，成人对自己的评价在婴幼儿个性发展中起着重要作用。

3.自我控制

自我控制由自制力、自觉性、坚持性、自我延迟满足构成。婴幼儿到2岁后才出现自我控制能力，随着生理发展，在成人的指导下，婴幼儿慢慢学会控制自己的活动，比如能够大小便自理，在听到成人说“不”时，能够学会控制自己的情绪和行为。

总的来说，婴幼儿自我意识的发展呈现出随着年龄的增加而增长的发展趋势。

**二、婴幼儿情绪和情感发展的特点**

情绪是人先天的一种生理需要，婴儿出生后立即可以产生情绪反应，比如新生儿头几天表现出的哭、安静、四肢划动等，都是原始的情绪反应。婴幼儿情绪发展与先天的气质有关，也与后天的成长环境密切相关。脑神经学研究表明，人的大脑负责情绪的控制和发泄。婴幼儿的情绪和情感的发展，对其生存和发展起着非常重要的作用。

从生下来开始婴幼儿就具备情绪表现能力，幼儿基本的情绪有8～10种：痛苦、微笑、兴趣、愉快、愤怒、悲伤、惧怕、惊奇、厌恶、害羞等。一般研究认为，婴儿在5～6周时出现对人的特别的兴趣和微笑，即社会性微笑；3～4个月的婴儿开始出现愤怒和悲伤；6～8个月时，婴儿出现对熟悉、亲近者的依恋，并随之产生对陌生人的焦虑和分离焦虑等；1岁半左右婴儿逐渐产生羞愧、自豪、骄傲、同情等更高级、更复杂的社会性情感。婴幼儿不同的情绪表现体现了其不同的需求，早期的情绪反应一般与生理需要是否得到满足有关，或与来自身体内、外部的不舒适的刺激有关。比如婴儿用哭声反映身体上的不适，用微笑的表情反映愉快舒适。

婴幼儿情绪和情感发展呈现出以下特点——易冲动：婴幼儿常常会因为得不到想要的食物或玩具就大哭大闹。不稳定：一会儿哭一会儿笑或“破涕为笑”的情况也经常在婴幼儿身体表现出来，比如婴幼儿因为得不到喜爱的玩具而哭泣，此时别人给他一块糖，他马上就笑起来。外露性：一般婴幼儿是隐藏不住自己的情绪的，心里怎么想的就会立即在脸上表露出来，想哭就哭，想笑就笑。

情绪如语言，它是幼儿进行情感交流的重要工具。情绪表达有多种形式，幼儿可以通过面部表情、肢体动作以及语音语调来表达自己的感受，因此成人要学会观察并反馈。消极、不良的情绪不利于婴幼儿的身心发展，照护员应根据婴幼儿的情绪特点，培养婴幼儿积极愉快的情绪，比如给婴幼儿营造安静、整洁的环境，提供营养丰富的食物、适合发展水平的玩具，这能使婴幼儿在生理上得到满足，产生愉快的情绪。

### 三、婴幼儿人际交往关系发展的特点

0～3岁婴幼儿的人际交往关系的发展主要涉及两种关系：亲子关系和玩伴关系。

0～12个月婴儿最先建立的人际交往关系是亲子关系，即婴儿与父母之间的交往关系，是婴幼儿社会关系中出现最早和持续时间最久的一种。婴幼儿自出生那天起接触最多的、最亲近的人就是自己的父母。父母在关怀、照顾婴幼儿的过程中，与婴幼儿维系着充分的身体接触、行为表现、语言刺激和感情联系。父母与婴幼儿之间建立起依恋关系，这有利于婴幼儿安全感、幸福感的获得，对婴幼儿的成长与发展产生至关重要的影响。

玩伴之间的交往，最早可以在6个月的婴儿身上看到，这时的婴儿可以通过相互触摸、观望，甚至以哭泣来对其他婴儿的哭泣做出反应。6个月以后，婴儿之间交往的社会性逐渐加强。12个月以后，随着婴幼儿动作、语言、认知能力的发展，其活动范围不断扩大，开始表现出寻求玩伴的渴望，于是一种比较平等的、互惠的玩伴交往关系开始建立起来了。0～3岁建立的玩伴关系，常常是一对一的活动。在玩伴交往发展过程中，起初婴幼儿与玩伴的互动主要指向玩具或物体，而不指向玩伴，随着动作、语言等方面的发展，婴幼儿与玩伴之间开始了语言、肢体的社会性交往行为，开始玩一些“躲猫猫”“追赶”等游戏，也会偶尔出现一些推人、揪扯等冲突性行为。

亲子关系与玩伴关系对于婴幼儿的发展是互补的，两者不能相互替代，在婴幼儿人际交往发展过程中，不论缺少哪种交往关系，对婴幼儿的成长来说都是不健康的。婴幼儿早期社会性交往发展还呈现出模仿父母交往、易受成人影响、自我中心化、易被玩具吸引等特点。

## 技能要求

### 一、促进婴幼儿自我意识发展的游戏

游戏名称：捧杯喝水

适合年龄：1岁左右

游戏方法：

1. 我会自己捧杯喝水。照护员先做示范，拿水杯喝水，让宝宝观察、模仿。然后，照护员托住宝宝的杯子往里倒入温开水，请宝宝自己抓握住杯柄，等宝宝抓稳杯子后，照护员慢慢放开手，让宝宝自己捧住杯子喝水。当宝宝能自己喝水后，照护员要及时

对宝宝表示赞扬。这个游戏还可以试着把水杯放在不同的地方，让宝宝自己去拿，拿到水杯后自己捧杯喝水。

2.请你喝水。宝宝捧着水杯，走向照护员或爸爸、妈妈，端着水杯请照护员或爸爸、妈妈喝水。

注意事项：

1.用塑料或木茶杯，不要玻璃茶杯，以免摔破而发生意外。

2.用白开水，不要用烫水、冰水。

3.杯中只倒少量水，喝完了再加，避免水撒泼到身上。

4.宝宝喝水时，不要逗引他，以免宝宝发生咳呛。

### 二、促进婴幼儿情绪和情感发展的游戏

游戏名称：情绪配色游戏

适合年龄：2～3岁

游戏方法：

1.照护员先准备一盒水彩笔和几张卡片，卡片上画着小猫（或其他小动物），小猫的头像上缺少眼睛和嘴巴，头像旁边分别写上“快乐的小猫”“生气的小猫”“受伤的小猫”“自信的小猫”“没有其他小伙伴陪它玩的小猫”“做错事的小猫”“被大狗追咬的小猫”等。

2.照护员可以根据卡片上的文字，编个小故事，问宝宝：“如果这是一只……的小猫，你想把这只小猫涂成什么颜色呀？”然后让宝宝自己选择颜色进行配色。

3.等宝宝涂好色后，照护员接着再问：“你想给这只……的小猫画上什么样的眼睛和嘴巴呀？”

注意事项：

1.在对宝宝提问时态度要亲切、温和。

2.针对不同的情绪卡片，可在声调、语速上进行相应的调整，提示宝宝对该情绪的理解。

3.每次提完问题后，要留给宝宝充足的思考、添画时间。

4.对宝宝的配色和眼睛、嘴巴添画不要进行干预或强迫宝宝按照成人的“标准答案”作答。

### 三、促进婴幼儿人际交往发展的游戏

游戏名称：请你来我家做客

适合年龄：2～3岁

游戏方法：

1.当小朋友来到家里时，照护员可以引导宝宝说出“你好”“欢迎”等话问候客人，

也可以让宝宝抱抱、亲亲小客人，表达自己对客人的欢迎。

2.引导宝宝去牵着小客人的手，带着小客人去参观家里的环境，照护员可在旁边讲解，告诉小客人这是什么地方，是做什么的。例如："这是餐厅，我们在这儿吃饭。"

3.让宝宝把自己喜爱的食物拿出来，请小客人一起分享；拿出自己喜爱的玩具，和小客人一起玩。

4.小客人离开时，照护员可以引导宝宝说出"再见""欢迎下次来玩"等话欢送客人。

注意事项：

1.家长或照护员要先与另一个小朋友的父母商量好，邀请该小朋友到家里来玩。

2.在宝宝和他的小朋友交往过程中，照护员不要轻易进行干预，给予他们充足的交往空间，以免阻碍玩伴的正常交往。

3.游戏的过程中，照护员一定要密切关注宝宝的反应和心情，一旦他们发生摩擦、发脾气或开始吵闹时，要给予适当制止和正确引导，告诉宝宝在交友中什么是可以做的，什么是不可以做的。

（廖思斯）

# 参考文献

[1]鲍秀兰.0～3岁儿童最佳的人生开端[M].北京:中国妇女出版社,2014.
[2]陈鹤琴.家庭教育[M].武汉:长江文艺出版社.2013.
[3]崔焱.儿科护理学[M].2版.北京:人民卫生出版社,2012.
[4]范玲.儿童护理学[M].2版.北京:人民卫生出版社,2012.
[5]甘剑梅.学前儿童社会教育[M].北京:中央广播电视大学出版社,2011.
[6]胡莹,马腹婵.儿科护理实训指导[M].杭州:浙江大学出版社,2012.
[7]金扣干,文春玉.0～3岁婴幼儿保育[M].上海:复旦大学出版社,2011.
[8]孔宝刚.0～3岁婴幼儿保育与教育[M].上海:复旦大学出版社,2012.
[9]李美珍,马腹婵,骆海燕,吴珊珊.儿童护理[M].杭州:浙江大学出版社,2013.
[10]李燕,吴维屏.家庭教育学[M].杭州:浙江教育出版社,2013.
[11]刘文.幼儿心理健康教育[M].北京:中国轻工业出版社,2008.
[12]马宁生.儿科护理[M].2版.上海:同济大学出版社,2012.
[13]梅国建.儿童护理[M].2版.北京:人民卫生出版社,2005.
[14]区慕洁.0～6岁亲子游戏百科大全[M].北京:中国妇女出版社,2013.
[15]庞建萍.学前儿童健康教育[M].上海:华东师范大学出版社,2007.
[16][美]乔·L.弗罗斯特,苏·C.沃瑟姆,斯图尔特·赖费尔.游戏与儿童发展[M].唐晓娟,张胤,译.南京:江苏教育出版社,2011.
[17]唐林兰,于桂萍.学前儿童卫生与保健[M].北京:教育科学出版社,2012.
[18]万钫.学前卫生学[M].北京:北京师范大学出版社,2012.
[19]王书荃,陈英,兰贯虹.育婴员[M].修订版.北京:海洋出版社,2013.
[20]吴航.家庭教育学基础[M].武汉:华中师范大学出版社,2013.
[21][美]西尔斯.亲密育儿百科[M].海口:南海出版公司,2009.
[22]杨锡强,易著文.儿科学[M].6版.北京:人民卫生出版社,2004.
[23]张明红.学前儿童社会教育[M].上海:华东师范大学出版社,2008.

[24]张民生.0～3岁婴幼儿早期关心与发展的研究[M].上海:上海科技教育出版社,2007.
[25]张文新.儿童社会性发展[M].北京:北京师范大学出版社,2005.
[26]中国就业培训技术指导中心,人力资源和社会保障部.育婴员[M].北京:海洋出版社,2011.
[27]中国就业培训技术指导中心上海分中心,人力资源和社会保障部教材办公室,上海市职业培训研究发展中心.母婴护理[M].北京:中国劳动社会保障出版社,2010.
[28]周昶.婴幼儿保育[M].北京:高等教育出版社,2010.
[29]朱凤莲,王红.早教师上岗手册[M].北京:中国时代经济出版社,2011.
[30]朱智贤.儿童心理学[M].北京:人民教育出版社,1982.

图书在版编目(CIP)数据

幼儿照护员.中级技能 / 冯敏华,骆海燕主编. —
杭州:浙江大学出版社,2016.11
ISBN 978-7-308-16328-6

Ⅰ.①幼… Ⅱ.①冯… ②骆… Ⅲ.①婴幼儿—哺育—
基本知识 Ⅳ.①TS976.31

中国版本图书馆 CIP 数据核字(2016)第 251215 号

幼儿照护员(中级技能)
主编 冯敏华 骆海燕

责任编辑 李 晨
责任校对 杨利军 於国娟
封面设计 春天书装
出版发行 浙江大学出版社
(杭州市天目山路 148 号 邮政编码 310007)
(网址:http://www.zjupress.com)
排 版 杭州星云光电图文制作有限公司
印 刷 绍兴市越生彩印有限公司
开 本 787mm×1092mm 1/16
印 张 4.75
字 数 95 千
版 印 次 2016 年 11 月第 1 版 2016 年 11 月第 1 次印刷
书 号 ISBN 978-7-308-16328-6
定 价 12.00 元